U0392167

天地融入一茶汤

中华茶道中的儒学精神

李萍 等 著

人民出版社

目 录

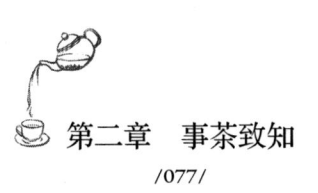

中/华/茶/道/与/儒/学/的/汇/通

明唐寅《事茗图》（局部）

"茶事"在华夏大地兴起后，与茶相关的各项活动就开始负载了多重意义，其中有关乎国家经济命脉的茶税之经济意义，有与百姓日用生活相关的"开门七件事——柴米油盐酱醋茶"之生活必需品意义，还有与传统文人生活方式相关的"琴棋书画诗曲茶"之人文雅趣意义，更有与中国人的交往方式关联的茶礼、茶德之文化礼俗意义，等等。与茶相关的话题讨论横跨了千余年，"茶事"几乎与全部中国传统文化形态都有着或深或浅的联系，至今仍然被视为最具有中国意象和韵味、最切合中国传统文化类型的代表性符号，从理论的根底处，它的精髓通常被概括为"茶道"。毫无疑问，从历史走来的中华茶道受到了儒学的深刻影响。当然，中华茶道也同时接受了道教、佛教的熏陶，严格来说是儒释道合流而生的综合文化体。这也可以说是中华民族的幸事，深沐惠泽的我们当百倍珍惜，善加广大延绵。本书怀此宏愿，追溯中华茶道的源流，同时揭示中华茶道中的儒学基本精神，进而寻求中华茶道对当代人的启示。

一、中华茶道的出现

在中国，有关茶的人工利用的文字记载已有两千余年的历史。也许茶与中华文明的关联可以追溯至更为久远的时期，但这样的结论还需要十分严谨合理的证据支撑，同时我们也必须承认，在久远的历史长河之最初的很长一段时期内，茶只是偶尔作为药材和食材而被利用，此时茶只是万千可食用、为人所利用的自然造物之一分子而已，是完全被动的客体，并未进入人类生活的意义世界，更未成为社会生活领域的文化现象。茶由野生到人工栽培进而被人加以多方利用，其实是经历了漫长的摸索过程。

1. 茶由野生到人工栽培的历史

茶树最初都是野生的，即自然随意地生长于山林之间。当然，要有适合它生长的自然条件，包括光照、温度、湿度、土质等。既然毫无人工干预，茶树的生长就全靠天然的阳光雨露，播种则靠风的吹拂、鸟的啄食和茶籽随机落地发芽，因此，野生的古茶树通常是在近似的环境中一片片成群分布的。只要有适宜的土壤、气候、光照等，茶树就会野生、野化地茁壮成长。

茶树被人发现，很可能是偶然的行为。进山采集果实或药材的山民，偶尔摘下茶树上的叶子放进嘴里，苦涩后缓慢生津，这显然并不是令人十分愉快的记忆，因此，很长一段时间极有可能嚼食茶鲜叶的行为都只是采果采药者的偶然为之，并未做有意识的或者大规模的食用。神农尝百草并发现了茶叶功效的传说在中国广为人知，其实，"神农"作为中华文明中的农业神，各种与农业相关的事项都被归结、追源于他，这表达了我们对先民们朴素的英雄崇拜情结。今日的我们不能将口口相传的神话传说与有迹可循的史实混为一谈。

根据对现存的野生古茶树的考察和对古文献的深入分析，我们可以合理推测出如下几个结论：第一，由于生长在茂密的森林中，茶树最早是由世居山地的居民而非平原的农耕民发现。第二，由于成片分布，适合茶树生长的区域很可能集中在亚洲腹地，即茶树广泛分布于中国西南诸省（云贵川渝）和东南亚（缅甸、泰国）、南亚（印度）等地。国界和国别都是人类划分出来的，茶树的自然生长完全不受国境线的约束，在跨越国界的多个国家山地散漫生长。在此问题上，有些人非要争出"世界第一"甚至"世界唯一"就毫无必要了，这显然不符合现代生物学的基本常识。第三，由于地理阻隔和信息沟通不畅，加之缺乏现代植物分类学方面的知识，古人对"茶树"的称谓很可能是混乱的。有时不同词语都指的是同一种植物，有时一个词语则指多种植物，还有时存在各地方言上的差别、观察者的记忆失误、文字传抄时的笔误等等，因此，今天的我们实际上已经很难简单地断定现在所通用的"茶"就是古书所记载的那个同类的植物。基于上述推测，我们主张，一方面不必纠结于"最早"、"最古"式的排位，另一方面也不可仅凭只言片语的某句古文古诗古语就妄下论断。总之，越是久远的东西，我们就越应该保持足够的警觉，慎做推断，更勿随意延伸。

野生的茶树广泛分布，很多地方、很多民族都可能先后"发现"过它。但人工栽培茶树的历史无疑是由中国先民开启的，这得益于贡茶制度的确立和寺院种茶的传统。我们可以合理推测：一定是民间人、俗世社会先行有了广泛的饮茶习惯，人们对茶的认识和利用已经有了充分的积累，才会传入皇宫、朝廷、寺院之内。遗憾的是，此方面留存下来的历史文献极少，我们现在很难直接阅读到贡茶制度和寺院种茶之前中华初民们从事人工栽培茶叶工作的准确而详细的历史记载，所以，在此我们仅对贡茶制度和寺院种茶的传统略做一个说明。

至少在唐朝（618—907年）时，朝廷就在主要的优质茶产区设立了专门进贡皇室享用的茶园、加工作坊，并配有专业的督察官员，这些茶农，特别是那些有文化、懂技术的官员们对茶树种植、茶叶加工等技术的改进作出了杰出的贡献。一般而言，皇室往往是极致精品的享用者，而非奇异新品的倡导者，当朝廷决定选择茶为贡品之前已经有很多人将其进贡过皇室。设立贡茶院、出产贡茶，并非只是皇室独享，很多时候是作为礼品馈赠友邦、作为奖品赏赐官员将帅、作为祭品祭奠先祖上苍。可见，茶的人工栽培同时就成为具有丰富内涵的文化事件。

东汉（25—220年）时佛教自印度传入中国，僧人在清修、打坐之余种茶、制茶、饮茶，寺院不仅成为了重要的茶树生产地、优质茶叶的供应地，同时也由以茶礼佛发展出了饮茶的规矩（如"寺院清规"），这些规矩及其背后的理念经由佛法、佛理以及信众们的传播而广为人知，并被普遍接受。僧人之所以会选择茶为修行的辅助手段，一方面受益于茶叶所具有的醒脑、消食、益身等功能，另一方面是因为饮茶活动及其后果并无其他明显的害处，种茶、制茶、奉茶等惯例就在各个寺院里得到推广。

毫无疑问，茶叶很早就成为了中国人（特别是文人雅士、上流社会人士）食用、饮用的对象。例如，西汉的王褒写于神爵三年（公元前59年）的《僮约》就提到"脍鱼炰鳖，烹茶尽具。……牵犬贩鹅，武阳买茶"。"武阳"是今天的四川彭山。学界公认这是最早且最为明确的关于茶进入中国人的日常生活世界的记载。从王褒关于茶为数不多的文字描写中，我们可以读到这样两层意思：其一，茶还不是独立的饮品或饮料，此时茶很可能只是作为一种菜肴或菜汤，因为他用的是"烹茶"，就是烹饪意义上的茶的利用方式。其二，茶不再是自然野生物，已经成为了商品，可以在集市上购买，说明至少在相对发达的地区"茶树"已经被人工种植，并且茶叶被茶农采下当作商品出售，而喝茶的人也不是自己上山采野茶，而是到集市去购买。

由此不难推测，在唐朝之前，种茶、制茶就已经成为华夏大地十分普及的事情，但相应的种植技术参差不齐，利用方式千差万别，喝饮程式也各种各样，于是中唐时期的陆羽受友人之托，写下了《茶经》，用以指导各地的农户如何选择种茶的合适之地、以最佳的方式进行茶叶生产，同时也为爱茶人如何最优地品味茶汤提供了极富深度的建言。

中国之所以最早开始人工栽培茶树，一方面缘于古代中国的饮茶人口较多，茶叶的消耗量较大，仅靠茶树的自然缓慢生长已经远远供不应求；另一方面也因为中国先民找到了种植成活茶树的密钥、技巧，可以在茶树原生地之外大面积人工种植。由于起步较早，茶树种植区域逐渐扩大，以致在淮河—秦岭以南的广大区域都有种植，发展至今，中国境内已有 20 个省区产茶，产茶省区都有多种历史名茶，在不同朝代列入贡茶名录的就多达百余种，加上地方名茶和不断推陈出新的品种，全国有超过 2000 种名优茶。

从物理属性上说，"茶"具有极高的亲和力，可以与多种物质搭配混合，形成各种汤饮；同时，"茶"本身也接受多种试制和调制手法，在诸多加工环节中配之不同的工艺、操作，就可以生成口感差别极大、适合于不同人群的多款茶类，形成庞大的"茶家族"。

2. 茶文化与茶事生活的萌芽

汉代至魏晋（220—420 年）之际，茶的利用方式日益脱离疗疾、果腹的物质性或功利性特质，开始成为待客、自娱、品味的载体，一些名流雅士还将它提升为解孤寂、醒精神的媒介，茶开始脱离单纯的物化世界，物质属性的重要性极大减弱，日渐获得了与人共在、并存的亲近位置。

西晋末年的杜育（？—311 年）撰写了《荈赋》，这被公认为中国最早的茶诗赋作品，也是中国茶文学的开山之作。全文只有 94 个字，采取的是工整、和韵的四六骈文格式，全文如下："灵山惟岳，奇产所钟，厥生荈草，弥谷被岗。瞻彼卷阿，实曰夕阳。承丰壤之滋润，受甘露之霄降。月惟初秋，农功少休，结偶同旅，是采是求。水则岷方之注，挹彼清流；器择陶简，出自东隅；酌之以匏，取式公刘。惟兹初成，沫沈华浮，焕如积雪，晔若春敷。"由上文可以推知，杜育所见到的茶树仍然是自然野化的形态，未有人工种植的痕迹；茶树生长在山岳、谷岗之间；要等到初秋、农休时，农夫、小工才得闲去采摘、制作；从使用的器具（陶简、匏）看，当时的茶叶喝法大致接近喝菜汤。尽管尚未有茶树的人工种植，但此时对茶的利用已经不再是简单的汤饮、药用，而是呼朋唤友的媒介（结偶同旅）、感受山川日月灵秀的载体（灵山惟岳，奇产所钟），更是审美的对象（焕如积雪，晔若春敷），可以说中华茶文化正滥觞于此。

与茶相伴、将茶融入人伦日常的生活方式，就是一种可以称之为茶文化现象的茶生活方式，这样的茶事生活之普及就成为了中华茶文化兴盛不衰的前提。

现存的诸多中华文化传统之形成大多经历了这样的轨迹：在中原地带或中华文化的核心区域萌芽、成形，在发展和传播的过程中，缓慢输出到边疆等非中心地带，例如儒学道家思想的发展是如此，中医武术的演进亦然。唯有种茶、饮茶、茶文化的兴起却走了十分不同的路径。茶在中国的种植、交易和饮用都起源于西南边陲、巴蜀地区，包括今日的四川、重庆、云南、贵州等省市，其主体成员是边民或少数民族，这些地方都不是汉人及其文化的发源地。茶叶种植技术进入中原之后，历经无数代农人文人悉心栽培、不断改良，终至于如今分布最北至河南、山东，最西至甘肃、西藏，囊括了20个省区的广袤中华大地。在这一自西南向东、向东南，自边陲向中心区域扩散的过程中，大量文人和僧侣加以积极推广、提升，赋予茶叶、品饮活动以精神欢愉和人生意义等诸多价值内涵，饮茶由日常生活事件终于发展成为了重要的文化事件。茶文化的形成过程同时也是中国地方文化之间的交流、渗透的过程，还是文化的意义世界与生活场景相互作用的过程。

在杜育的《荈赋》中出现的是"荈"，它跟茶是什么关系呢？上文曾简单提及由于语言差异和生物学知识的匮乏，古人对同一种植物的称谓会出现多个名词。"茶"（茶树、茶叶）字在古代有多个近义词，《茶经》就列举了至少五个：茶、荈、槚、蔎、茗，并统一称为"茶"，可以说："茶"字在唐朝以后才大量出现。不过，茶、荈、槚、蔎、茗是否就指茶？学界对此一直存在争议。例如，春秋时的《诗经》就出现了"荼"字，汉朝的"乐府民歌"和"古诗"也有"荼"字，但因争议较大，我们姑且不引用，也不做最早出处的例证。不过，需要说明的是，《诗经》和"乐府民歌"出现的"荼"字若确实就是以后的"茶"，这也表明，"茶"最早为乡民、山民所食用，主要是食料、食物，并未登上大雅之堂，更未成为具有精神意味的文化符号，相应地，当时并未出现茶生活方式以及在此基础上的茶道。

"柴米油盐酱醋茶"，这句在中国家喻户晓的俗语早在元代（1271—1368年）时就出现了。元杂剧中有一首《当家诗》："想你当家不当家，及至当家乱如麻。早起开门七件事，柴米油盐酱醋茶。"这首诗是告诫当家人要量入为出，提早作好安排以备家需。不难想象，茶在元代时就成为了日常生活须臾不可离的必需品了，茶生活方式有了极高的广谱度。

在此，还要说到明代才子唐寅（1470—1523年，字伯虎）。唐寅本人并不是现代小说和戏剧所描写那样的风流才子，而是一生历经坎坷，过着颠沛流离、居无定所的生活，但他极有才华。他曾写有一首脍炙人口的《除夕口占》诗："柴米油盐酱醋茶，般般都在别人家。岁暮清淡无一事，竹堂寺里看梅花。"一方面他写到了即便一无所有依然不失闲情逸致，在岁寒日不忧茶饭，而以寺院赏梅为乐，另一方面诗中也充分反映了茶在当时社会极高程度的普及。

茶文化与茶的普及紧密相关，这体现了中华茶文化的突出特点，即中华茶文化是大众化的或生活化的，这一特点不仅在产生之初就十分明显，到了今日依然如此。这也成为中华茶文化鲜明地区别于日本和韩国茶文化的关键之处。后者的茶文化首先且主要的是雅文化、精英文化、上流社会文化，因此，在历史上不仅介入政治世界过深，而且被少数文人、僧侣、官宦发展成了精致的艺术化形式，日常生活的茶饮与茶文化的茶事是截然二分的活动，处于完全不同的世界。中华茶文化则相反，它起于百姓日用的茶生活方式，并在其间得到提升，故而中华茶文化乃至以后出现的中华茶道都具有不离茶性、不脱茶这一实体的即物性。

3. 中华茶道的雏形

学界公认陆羽是中华茶道的集大成者。不过，陆羽的《茶经》通篇并未使用"茶道"这一概念。与陆羽同一时期的封演在《封氏闻见记》中明确提到了"茶道"，他写道："楚人陆鸿渐为茶论……有常伯熊者，又因鸿渐之论，广润色之，于是茶道大行，王公朝士无不饮者。"[①] 但从汉字的用语习惯来分析，此处的"茶道"虽然连用，却不是一个独立概念，其词意是指"有关茶的方式"、"围绕茶进行的活动"，简单地说就是饮茶之法。晚唐诗人卢仝的茶诗《走笔谢孟谏议寄新茶》被视为茶诗中的千古绝唱，他在诗中写道"柴门反关无俗客，纱帽笼头自煎吃"，茶喝到第七碗时，他已"惟觉两腋习习清风生"，并由此展开思绪，"蓬莱山，在何处？玉川子，乘此清风欲归去。山上群仙司下土，地位清高隔风雨。安得知百万亿苍生命，堕在巅崖受辛苦。便为谏议问苍生，到头还得苏息否？"茶对他而言只是道具或思想的引子，他喝茶后联想、移情到苍生，感怀世间。这十分吻合刘勰在《文心雕龙》里阐述的"文以载道"理论，不过，此时是用茶载道、借茶悟道而已。可以说在卢仝的诗中并不存在独立的茶道，即便有道，也是茶外之道。这种"道"无非是儒家所一贯主张的天地人勾连和悲悯苍生的士大夫情结。在此，还不得不提到另一位赫赫有名的人物——唐代诗僧皎然[②]，他在《饮茶歌诮崔石使君》诗中写道："一饮涤昏寐，情思爽朗满天地。再饮清我神，

---

① 封演撰：《封氏闻见记校注》，赵贞信校注，中华书局 2005 年版。

② 皎然是陆羽的好友，并对陆羽多有提携。需要指出的是，他对茶的体悟不仅有儒学背景，更有释家的底蕴。

忽如飞雨洒轻尘。三饮便得道，何须苦心破烦恼。……孰知茶道全尔真，唯有丹丘得知此。"诗中所言的"得道"与"涤昏寐"、"清我神"类似，都只不过是饮茶之功用，即便是最后一句出现的"茶道"，其实也是饮茶之法（更准确地说是"法门"）的意思。由此我们认为，虽然唐代是中国茶文化的第一个高潮时期，但也只为中华茶道的出现做了铺垫，并未形成真正意义上的茶道。①

尽管唐代未出现"茶道"，但陆羽《茶经》所做的集大成工作仍然是一件值得大书特书、意义非凡的文化事件。陆羽与之前以及他同时代的人最大的不同就是他开始强调茶的非物质性、非日用性，将之上升为审美对象和价值载体。不过，他未能作出系统、深入的阐发，"茶道"还没有成为独立的概念，而且他所进行的努力在其后的很长时间都曾被忽视了。

我们主张，虽然唐代是中国茶文化的第一个高峰时期，但也只是为中华茶道的出现做了铺垫，并未形成真正意义上的茶道。中华茶道在宋代才真正出现，主要依据在于正是在宋代茶中有道、道在茶中，即道茶合一的观念才真正成形。唐代的饮茶活动还有着浓厚的、与茶这一实物的直接、现象性关联，这直接干扰并降低了有关茶的超越性思考。宋代就有所不同，闲适生活方式的普及和格物致知理论的兴起，为茶道的提出分别提供了现实的和思想的双重铺垫。

宋代是众多中国式文化形态深化、精致并达到鼎盛的时期。在饮茶方面，宋代饮茶不再加香料、盐等其他味重之物，单纯的茶汤之原味得以突出。宋代盛行的是点茶法，是将茶饼碾成细末，置茶盏中，先注少

---

① 参见李萍：《论中国茶道对儒家自然观的扬弃》，《北京科技大学学报》2016 年第 1 期。

量沸水调成膏状，继之量茶多少倒入沸水，边注沸水边用茶筅击拂茶盏中的茶汤，使之产生泡沫后饮用，即细嚼慢啜式的品饮。喝茶的过程被延长了，煮茶者（茶主）和饮茶者（茶客）之间的互动开始被注意，因茶而发问内心，主宾间不断自省，并由此反观世界，力图达到物我两忘的超然境界，茶—人—思三者高度合一：人在茶中，人因茶生思，思的对象关联茶，茶须臾不离人。由茶悟道，将道注入饮茶、品茶之中，这被视为一种独特的修为、静养，饮茶活动开始成为了中国文人的素养，直到这时，"茶道"才水到渠成。

宋代之所以提出了茶道，也与中国哲学特别是儒家哲学到此时达到了抽象化、学理化的发展阶段有关。例如，理学大家朱熹曾由茶格出理，他说"物之甘者，吃过必酸，苦者，吃过却甘。茶本苦物，吃过却甘。问：'此理如何？'曰：'也是一个道理。如始于忧勤，终于逸乐，理而后和。盖礼本天下之至严，行之各得其分，则至和。'"（《朱子语类·杂类》）朱子指出，茶道无非是理，无非是和，与理、与和合一的茶道不再是茶外之道或喝茶者的主观感受，茶道具有了客观必然性，它分有了理，只是具体殊相有异，分殊的茶在其内在精神上——茶道——只是一个理。易言之，茶道与理直接勾连，相通无碍。①

在中国传统哲学中，"道"一词有多种含义，通常的意思是天地万有以及人生价值存在的根源，也可以意指天地万物通而为一的总体。学理层面的"道统"之"道"来自古代哲人对天人之际的追究，其方式有二，一是"推天道以明人事"，二是"究人事以得天道"，由此形成道统的两系，即"天人统"与"人天统"。茶道之道显然属于"究人事以得天道"，

---

① 参见李萍：《论中国茶道对儒家自然观的扬弃》，《北京科技大学学报》2016 年第 1 期。

是以人配天、以茶喻理，人居于茶与道的中介，通过茶事喻人世、明事理，由此体悟终极的道。

那么，如何定义"茶道"呢？简单地说，茶道意指基于茶自身的性质而淬炼出的精神世界。茶自身的性质首先是它的自然属性和对人身心的益处，在此之上茶者在饮茶过程中围绕茶展开情感投射和意识升华，才有望进入到他所构建的价值、审美、观念领域，即人的主体性和自为性所充分显现的领域，这就是人所创造出来的精神世界。可见，茶道正是以茶为载体在品茗中以茶说事、以茶喻理、以茶论道。

二、中华茶道的变迁

中华茶道源远流长、博大精深。中华茶道的形成历史十分久远，同时也就意味着它在不同历史时期、不同发展阶段留下了不同的风格和印记，而且它的内容构成也十分多样，它既与世俗生活相关，又直接勾连文人的雅生活，同时还承载了佛教（禅定、修行）、道教（益体延寿、羽化成仙）的信仰追求，这就注定了中华茶道具有多重的历史文化资源和思想表现形式。事实上，中华茶道在历史上就有过多次重大的调整，形成了风格迥异的流派，并向域外广泛传播，在他国又与当地文化相融合，结出了丰硕的果实。不仅如此，中华茶道还涉及品水、赏器、观景、字画、诗词和音乐鉴赏等丰富的内容，因此，中华茶道可谓品茗的全景图。中华茶道的变迁正体现在品茗的演变、总结提炼和域外传播等多个方面。

1. 茗饮方式的演变

梳理中华茶史就不难发现中国人品茗方式的变化轨迹，先后经历了由煮茶、煎茶、点茶到泡茶的不同阶段，一方面品茗方式的演变不断促使茶的原味真性得到彰显，茶的物质性得到更加充分的显现；另一方面饮茶方式越发化繁就简、饮者越发大众化，茶道日益成为"味蕾通大道"、"生活即道"的最具体代表，茶道的生活性得到贯彻。茶本再普通日常不过，但极品茶却可遇不可求；茶道乃生活道，人人可企及，但通透明亮的茶道真谛却说不清道不明。这里包含了中华茶道中的日常性与非日常性之间的紧张及其消解。① 不过，仍然只是有限、局部的消解。

作为一种生活方式或文化活动的饮茶在中国是何时出现的呢？清代的著名经学家郝懿行（1757—1825 年）在《证俗文》中提到："考茗饮之法始于汉末，而已萌芽于前汉，然其饮法未闻，或曰为饼咀食之，逮东汉末蜀吴之人始造茗饮。"郝懿行认为东汉末蜀吴之人就开始了将茶作为饮料，他是如何得出这个结论的呢？可惜的是，他并没有清楚地作出交代。唐朝的陆羽在写《茶经》时就明确提出"或用葱、姜、枣、橘皮、茱萸、薄荷等，煮之百沸，或扬令滑，或煮去沫，斯沟渠间弃水耳，而习俗不已"。我们可以从中反推出迟至中唐时期当时的喝茶习俗仍然是将"葱、姜、枣、橘皮、茱萸、薄荷等"放入其中，并且"煮之百沸"，这其实很像今天的熬高汤，故陆羽认为这已经不是茶水，而是"斯沟渠

① 参见李萍：《论中国茶道对儒学生命观的扬弃》，姚新中主编：《哲学家2015—2016》，人民出版社2016年版。

间弃水耳"。陆羽是当时茶文化界的清流，同时他也是茶汤清饮的开创者，他将自己区别于那些将茶熬煮做汤喝的人，陆羽的伟大贡献就是提出了"清饮法"，不仅如此，他还特别强调了茶与水的关系，包括水的性质、煮水的程度、添水的顺序等。

即便进入茶的饮用阶段，饮用方式也在持续推新。隋唐时的煎茶（煮茶时要添加一些佐料，如盐、香料等）到宋代的点茶（茶要烘烤并碾成粉末，倒入热汤时还要不断击搅），明代时放弃饼茶、团茶改用散茶，出现了泡茶这样的饮法，这种饮用方式能够完好地再现茶的本味、茶汤的本色，大为流行并一直沿用至今。①

品茗方式的演变在中华茶道的历史上采取了多主题复调式，除了通常讲到的煮茶、煎茶、点茶、泡茶这一茶汤冲调方式的前后变化路径之外，至少还有其他三个方面的不同表现：第一，因加工茶的手法和工艺的不断翻新，产生了各种干茶类型，根据可靠的文献可知，到明朝时，今日广为人知的六大茶类就全部都出现了，相应地，不同茶类的冲饮方式和品赏顺序也就形成了，至少可以分出绿茶式（白茶、黄茶、生普都可以并入其中）、红茶式（黑茶也归入此中）、青茶式（各种乌龙茶、工夫茶都在此列）三种不同的品茗方式。第二，因不同阶层的人介入茶文化的方式和深度有所不同，也形成了具有鲜明社会阶层差异的品茗方式，这被分别概括为宫廷（或者说皇室）茶道、文人茶道、僧人茶道、平民茶道。至今宫廷茶道几乎断流，僧人茶道和平民茶道有所留存，文人茶道则仅有极少程度的保留。第三，由于地域风土的差别，还存在明显的地域间品茗方式的不同，例如边陲地区与中心地区不同，即便同一

---

① 参见李萍：《中国文化传统与茶道四境说》，《北京科技大学学报》2015 年第 5 期。

地区的村落与城镇也有所差异。我国南方少数民族地区，如云南、四川、贵州、湖南等地至今还留有食用式饮茶法。由于存在上述种种不同，品茗方式并非简单的新旧更替或前后取代，而是呈现出同中有异、你中有我式的复杂形态。

需要特别指出的是，我们今天频繁使用的"品茶"、"品茗"并非古已有之。"品"字最早并非使用在茗、茶之前，而是用在水之前，即最先是"品水"、"品泉"。明朝的屠隆（1542—1605 年）在《荒政考·余事·择水》一文中就说道："秋水为上，梅水次之，秋水白而冽，梅水白而甘。甘则茶味稍夺，冽则茶味独全。故秋水较差胜之。春冬二水，春胜于冬。"同为明朝的文学家田艺蘅（1524—?）曾撰写过名篇《煮泉小品》，其中也分辨了多种水，"山厚者泉厚，山奇者泉奇，山清者泉清，山幽者泉幽，皆佳品也"。在他看来，上述四种水都是好水。相反的情况，"不厚则薄，不奇则蠢，不清则浊，不幽则喧，必无佳泉"。这几处地方都不会出好水。此外，他还强调流水不是适宜的水，"泉悬出曰活，暴溜曰瀑，皆不可食。"即便是江水，也要"取去人远者"。同理，井水要取汲多者，如果某口井经常没有人取水，这口井的水就不会好。

明代张源（生卒年不详）的《茶录》也谈到过泉水。他讨论了山顶泉、山下泉、山中泉、沙中泉、土中泉等。其中的"品泉"部分的全文如下："茶者水之神，水者茶之体。非真水莫显其神，非精茶曷窥其体。山顶泉清而轻，山下泉清而重，石中泉清而甘，砂中泉清而冽，土中泉淡而白。流于黄石为佳，泻出青石无用。流动者愈于安静，负阴者胜于向阳。真源无味，真水无香。"张源对泉、冲茶之水的观察不仅十分细致也非常独到、深刻。

2. 茗饮思想的总结

通过对保存至今、仍然可以读到的古代茶书（已经散佚、今人无法阅读的除外）的大致浏览，我们可以发现，唐代茶书不多，且主要是针对某一专题的讨论；宋代则有近 30 种茶书，最著名的有《大观茶论》、《北苑茶录》、《茶录》等；明代有 50 多部茶书，代表性的名著为《茶谱》；清代则仅有 10 余种茶书传世。民国至新中国成立这一时期的茶书也非常稀少，之后的 1950—1978 年间出版了百余种茶书，但几乎全是有关茶树种植、茶园管理等科普技术类图书。改革开放至今，出现了茶文化的复兴，茶学著作的出版也繁荣起来，全国各地出版了百余本的茶学教材、国外茶学译著、茶诗文类文化册子或丛书，此外，还有各类古代茶学文献的汇编，例如《中国茶文化经典》（陈彬藩主编，光明日报出版社 1999 年版）、《中国古代茶书集成》（朱自振、沈冬梅、增勤编，上海文化出版社 2010 年版）、《中国茶书全集校证》（方健汇编，中州古籍出版社 2015 年版）、《中国茶文献集成》（许嘉璐编，文物出版社 2016 年版），目前还有多个课题组、研究团队和出版机构继续编撰类似的恢宏大作。然而，不得不承认，茶道研究方面的中文专业著作依然凤毛麟角。

上文说到，中华茶道滥觞于唐代、成形于宋代、发展于明代。如果说宋代提出的茶道学说可以视为主理派，那么，明代的茶道则是自然派大行其事。主理派的茶道理论强调的是"道"，茶异道同，借茶喻道，茶不仅要抵达道，也只有抵达了道的饮茶才能算真正的"茶道"；与此相对，自然派的茶道理论突出的是"茶"，特别是品茶的环境、过程和各种物件的配合，道融于茶中，人饮茶过程伴生的乐趣、审美体验、情感投射获得了极大的肯定，例如，无论是"吴门四家"（沈周、文徵明、唐寅、仇英）还是"扬州八怪"（金农、郑燮、李鱓、黄慎、汪士慎、高翔、李方膺、罗聘），都无一例外地强调将茶与其他具有风雅情趣的自然物关联或配合起来。明代文人雅士们追求寄茶道于自然物象之中，提倡梅清茶新、雪洁茶清、竹幽茶韵等。明代文人改写了宋代学者力主以道为本的茶道构建尝试，茶依托同类同种的自然景物而共存，并将之合二为一，寄物以说道，突出茶性与自然景观、周遭环境的协调，这可以说是明代茶道的主流。①

宋代和明代分别提出的茶道学说不仅构成了传统中华茶道的主要流派，而且也提供了中华茶道的基本样态，以后的茶道演变再未取得突破性革新。由于明代的影响更为切近而鲜活，结果，自然派的明代茶道风格占据了主导地位。总体上说，中华茶道的出发点是寄情自然之物（饮茶环境、茶具材质、茶室布置等），由饮茶过程中的先苦后甜式的回甘体验类比人生，饮茶伴生的诸种情感（思绪、感触、情谊等）直接转化为关于人生智慧的感悟，从而寓茶于情、由情及理。

不过，需要注意的是，中国幅员辽阔，国土广大，加之文明史悠久，种茶、饮茶、品茶的经验总结和体悟升华也千姿百态，由茶而予以情感投射、思想提炼、审美定格所发展出来的茶道也因地而异、因时而变，这可以看作是中华茶道的广泛渗透性或者说跨界延展性。借茶道上达天道、下及人道；前连历史人文、后续产业商界。就中华茶道而言，中华文化中的绝大多数元素（特别是人文层面的元素）都有所汇集、呈现，茶道与诗、琴、画、曲、香、乐等天然合流，生成为

---

① 参见李萍：《论中国茶道对儒家自然观的扬弃》，《北京科技大学学报》2016 年第 1 期。

一种复杂深邃的文化集合，因此，中华茶道最终成为了一门综合的精神性文化成果。

任何一种人类文明都有兴衰往复的过程，同样，任何一种具体的文化类型也有新旧更替的过程，中华茶文化也好，中华茶道也罢，自萌芽、成形，曾达到了鼎盛，也曾进入了衰落、凋零阶段。我们今天谈复兴中华茶文化、重振中华茶道，一方面表明中华茶文化和中华茶道确实已经"花果飘零"，不成体系，难以维系，需要下大力气予以发掘和总结；但是，另一方面我们今日所做的复兴绝非简单的复古，将古代样式修复如旧、原貌呈现，这既不可能也无必要，因为场景变换、时势已去，我们要始终抱持全球化的视野，在跨国文化的比较中鉴别、在异质思想的吸收中扬弃，对中华茶道传统作出现代诠释，将现代文明的基本价值融入其中，打造出符合时代精神、遵守科学原则、适应当代中国人合理生活方式追求的中华新茶道。这应成为每个涉茶人群（包括产茶者、卖茶者、喝茶者等）的使命，茶文化和茶道研究者们对此责无旁贷，更应走在前列。

3. 茗饮文化的外传

在历史的长河中，中华品茗文化的外传既采取了自觉、官方的方式，例如朝廷通过赠茶、派出种茶工人、向外国使臣展示品茗技艺等，也有不自觉、自发的方式，如西班牙凯瑟琳公主（1485—1536年）因本人嗜茶嫁入英国王室时将茶叶作为嫁妆带到英国，她经常在王宫举行茶会，无意中她就成为了英国人喝茶的引领者。不仅如此，中华品茗文化的外传通道也是多种多样的，官方的正式外交、军事征服劫掠、商业贸易、礼品互赠、一般等价物替代，等等，不一而足。

据史书记载，日本佛教大师最澄（767—822年）来中国学佛时初次品饮到了茶汤，回国时将茶籽带到日本，栽种在日吉神社，那里至今仍留有日本最古老的茶园。《日本后记》还记载了弘仁六年（815年）僧人永忠向嵯峨天皇献茶。遗憾的是，这段饮茶的历史持续的时间不长，未能延续下来，很快就风化消散了。直到荣西禅师（1141—1215年）两次入宋，再次带回茶籽到日本。荣西于28岁时（1168年）首次到了南宋的明州（今宁波市），参访了天台山的万年寺和阿育王寺，数月后回国。47岁时（1187年）荣西二抵明州，重上天台山修禅打坐，四年后（1191年）回国。1214年他用喝茶法治愈了源实朝将军因醉酒而造成的身体不适，并向他敬献了《喫茶养生记》初稿，此书暴得大名，他传播了喝茶益身治病的理念，茶与养生的话题也引起日本朝野上下的关注。《喫茶养生记》在日本很长一段时间是作为医学书而被广泛阅读的。荣西的《喫茶养生记》与陆羽的《茶经》、威廉·乌克斯的《茶叶全书》一道被并称为"世界三大茶书"。需要特别说明的是，荣西还将茶与禅融合，发展出了寺院茶。寺院茶成为现代日本茶道的前身。

中华茶道是伴随着儒学和佛教而渐进传入韩国的，韩国人通常用"茶礼"来指代中国人的"茶道"，其实，韩国"茶礼"包括了广义的茶文化。韩国的茶礼并非只是日常生活中待客的茶礼（类似于民俗意义上的地方特色），相反，韩国茶礼是个泛指，既包括器物层面，如有形的茶叶、茶具、茶服、茶点、茶室；还包括精神层面，如无形的茶法、茶仪、茶道。其实，"茶礼"一词在韩语中有两个读音，Cha-Rye，指春节、中秋节等节日时举行的简单祭礼；Da-Rye 的意思则较多，广义上指通过茶事、茶仪、茶法所表达的各种文化形态；狭义上指泡茶、喝茶过程中的行为礼仪。包括朝廷茶礼（如外交使臣来访，宫廷内活动等）、仪式茶礼（如祭祀，向先祖或上天献茶等）、宗教茶礼（包括儒家、佛教、道教等不同形式）、接宾茶礼（如书生之间、闺房内等）、生活茶礼（日常待客），可以看出，韩国的"茶礼"只是一个非常粗略的表述，其中包括了十分复杂、多样的内容，既有简单的茶仪、茶法，也有艰深的茶道，许多学者明士从中提出了由茶事、茶礼延伸开去的义理、信仰、价值诉求等思想内涵。

其实，所谓外传是站在中国人的立场而言的，从接受中华品茗文化的民族之视角来看，他们并非只是消极接受，更非照单全收，相反，他们常常会依据本土地域和民族的需要作出损益、取舍，甚至改造得"面目全非"，不仅在外在表现形态上，而且也会在审美、精神、信仰等层面逐渐生长出自身的独特内容。例如，宋代的抹茶和点茶法传入了朝鲜和日本，并融入了他们的民族文化元素，继而成为了他们的代表性文化传统，中国大陆则因泡茶法的一统天下而致宋代饮茶文化的多数内容不仅被遗忘也未得到推新。所以，我们必须承认日本茶道、韩国茶道、蒙古茶道、越南茶道等都是相对独立且自成一体的文化传统类型。

由于中华茶道先后传播到了韩国、日本、蒙古、越南等国，并促成了韩国茶礼、日本茶道、越南茶文化、蒙古奶茶生活方式的成形，茶道遂成为亚洲的共同文化遗产。中国古人曾提出"返本开新"，我们不可能从无到有，更不可能从无知到有知，实际上，我们只能从已有到新的有，从旧的已知到新的已知，"茶道"是东亚共同的文化传统，有望提供建构亚洲整体立场的基本共识。虽然各国走出了自己的特色，强调了自身的特性，但仍然有诸多共同的成分，茶道中包含着对生命的尊重、对他人的尊敬、对自然的崇敬等，这些都是现代人文素养的重要内容。寻求古代文化传统的启示，复兴茶道（包含了茶礼、茶艺、茶文化等）不仅可以为克服当代过于专业分割的人文素养碎片化危机提供解决思路，而且可以为东亚、亚洲乃至世界各国间的深层文化交流提供可行路径。

三、茶道与儒学的相遇

我们已经在上文指出，中华茶道关注的焦点是精神世界，它依托于品茗过程中生发出来的情感与意志的交互作用，虽然不同茗饮者所体现出的二者交互作用深浅程度有所不同，但能够将这样的交互作用加以记录、复述、赋值的人一定是那些可以识文断字、富有文化涵养的人。在中国古代，儒者以及少部分的佛徒、道士才具有这样的能力，这就不难理解，儒学对中华茶道的产生与发展至关重要，许多重要的中华茶道提出者和阐发者来自于儒者。这显然是中华茶道与儒学相遇的历史文化条件。不仅如此，即便从情感、意识、信念等思想内容上看，中华茶道与儒学也存在高度的契合。儒学的要义是尽心、知性、知天，中华茶道所包含的尊重生命、精行俭德、顺从自然等思想要素分别对应的正是儒学上述三个主体内容。在下文，我们将围绕这些方面作出探讨。

1. 儒学的要义：尽心、知性、知天

"儒学"，无论是其思想体系或者基本精神，并非故纸堆，而是活的传统。儒学一直处于发展、演变、分形的过程之中，历史上也先后

出现了许多不同、对立但又相互关联的各种流派、分支，儒学的生命力正在于此消彼长的内外争鸣，从而"苟日新，日日新，又日新"。不仅如此，由于儒学曾长时期处于中国官学的正统地位，得到了体系化、精致化的发展。与此同时，儒学借助乡学、私塾、祠堂、官衙、家族等各类社会生活空间得以全面展开，毫不夸张地说，儒学构成了中国传统文化的核心部分，因此，每一个普通中国人都有意无意地接受了儒学的影响，言行中流露出或多或少的儒学思想的因子或成分。

《大学》有段名言，简洁明了地交代了儒学由尽心出发、经过知性达至知天的思想预设。"古之欲明明德于天下者，先治其国；欲治其国者，先齐其家；欲齐其家者，先修其身；欲修其身者，先正其心；欲正其心者，先诚其意；欲诚其意者，先致其知。致知在格物。物格而后知至，知至而后意诚，意诚而后心正，心正而后身修，身修而后家齐，家齐而后国治，国治而后天下平。自天子以至于庶人，壹是皆以修身为本。"尽心—知性—知天，三者构成了一个完整的闭环，但三者并非高低等级的序列，"尽心"只是针对何以自立这一问题给出回答，但要回答何以连通天地的问题则要"知性"，"知天"则回答了何以安顿心灵、性命出自何处的问题。每个人都可以从自身的处境出发，确认各自的尽心、知性、知天的起止点，但最终殊途同归，本立而末至，实现廓然大公、融入天地万物一体之中，最终获得生存矛盾的消解和精神提升的双重目标。可见，儒学在理论倾向上持有自然实在论和非人类中心主义的理念，在思维方式上则强调了辩证、内省、体察等内容，这些是儒学明显区别于西方哲学之处，也是我们理解儒学时必须把握的基本特征。

在儒学看来，人所处的周遭环境提供了人生存、活动的平台，它们本身并不能独立自存，而是被共同纳入天地人的统合之中，受到"天道"

的安排。虽然人事或人为都要关联到天道，但天道也不远离人，它给人提供了很多通道来启示人去体察天道。仔细阅读儒学经典文献就不难发现，儒学很少谈论天道的形上学式观念存在，更多的是将天道视为检验人之行为合理性与否的依据，如同《尚书·泰誓》所言，"天视自我民视，天听自我民听"。这句话至少包含了三重含义：一层含义是天道是所有正面价值的来源和依据（即"天德"）；一层含义是天道的指示需要借助人的言行来显现（即"人道"）；再一层意思是天道的结构即作用原理是阴阳调和（即"天地"）。汉代巨儒董仲舒提出的"天人合一"、宋代硕儒二程及朱熹的"格物致知"，都是抓住了古典儒学这一核心观点，因此他们都被视为接续孔孟之衣钵或道统的代表性人物。从一定意义上说，把握了"天道"、"天地"等基本概念就可以比较准确地理解儒学的精髓，换句话说，"天道"或者相对具体的"天地"概念是进入儒学堂奥的密钥。

中国古代蒙学代表性作品之一的《三字经》所言"三才者，天地人"就对天地人三者的关系作出了最朴素、最精炼的概括。天地人不仅并列共处，不分彼此，因为它们具有共同的"材质"，在构成上是同源的；而且三者具有同样的功能和使命，因为它们可以发挥相似的"才干"。总之，"天道"是儒学的全部价值主张的来源；"天地"则是一种具有统括性的复合价值，或者说是一种全德；"天人"则是始终意识到生命价值并全力去实现的"大人"，即有责任担当的人。

从起源上看，"儒"出现于殷商时代，号称"儒"的人能够断文识字，而且掌握了祭祀仪式和祝祷文献，从而成为贵族天子的主祭者。但在当时社会"儒"的政治地位并不稳固，时人对"儒"的评价也褒贬不一，他们或者被视为通鬼神、敬天地的人，受到极高尊重；或者被视为兴妖言、蛊惑民众的人，受到极度排挤。孔子在儒的角色和定位得到重新确认并予以正面肯定方面居功至伟，一则他通过授业带徒，将儒的基本学说和儒者应有的正面形象确定下来并传承下去；另外，更为重要的是，他一生耗费了大量时间和精力修订、整理古籍，依儒的义理加以审定裁决，经他之手流传下来的中国上古文献变得极其纯正、雅致，这促使中国古典文明较早获得了相对可靠的积极价值的指引。1872 年来华传教的美国传教士史密斯（Arthur Henderson Smith, 1845—1932 年）于1894 年出版了《中国人德行》（*Chinese: Characteristics*）一书，他在书中指出："在中国古典作品中，完全没有一点玷污人类心灵的龌龊之处，这是人们一再指出的一个重要特点，也是与印度、希腊和罗马的作品的主要区别之一。"① 虽然今日的学术界对孔子如此大刀阔斧地修订古籍之举存有争议，但从产生的社会历史后果来看，孔子所确立的儒学经典对儒家学统、儒者修养以及社会教化等多个方面还是产生了莫大的积极影响。这也成为儒家在日后诸子百家争鸣中脱颖而出的一个重要原因。

孔子过世之后，其学分成八支，子思、曾子两派影响最著，子思的学生孟子所作出的阐发，得到了后世的极高推崇，他本人被尊为"亚圣"。唐代韩愈判教别类时不仅将儒家的道统开端追至尧舜禹，而且直接将孔孟比肩相连。其实，儒学内部也有许多观点分歧和解释立场上的区别，例如孔子重仁、子思重中庸、孟子重义，宋明时期更是出现了理学与心学两个派别的对立，然而，全部儒者都会关注"尽心"、"知性"、"知天"的命题，承认"天道"的终极性或根本性，以及"天地"的合理性，它们的差别主要在于各自侧重的无非是天道或天地的某个不同的具体面相。

① ［美］亚瑟·史密斯：《中国人德行》，张梦阳、王丽娟译，新世界出版社 2005年版。

我们通常会听到儒家、儒学、儒者等不同的表述，现代又流行儒教之说。它们之间到底有什么不同呢？我们根据本书的主题在此对这些相关概念略做简要的澄清。儒家是指由殷商之际祭天的占卜术士发展而来的知识人，在古代又被称为"儒士"或"儒生"，以后则转指由此发展而来的思想流派，或者信奉这类主张、思想相似的群体；儒学侧重的是儒家所持有的基本知识理念、义理性命学问等理论学说，儒学通常被记述在大量经典中，如四书五经、十三经等；儒者广义上指信奉并身体力行儒学思想的个体，狭义上指纳入儒家传承体系之中的儒学传人。"儒教"一词本身并非现代语，在古代主要指儒学所发挥的社会作用，即教化民众，去野向文，促成礼制秩序，古典"儒教"一词强调的是依据儒学追求整个社会的向善、向真、向美的过程，它是一个动词。现代谈到的"儒教"则已经有了全然不同的含义，是一个新的专有名词，这个词是在近代西学东渐之际出现的意义转换，突出了儒学也可以具有与西方基督教相对应、为中国整体社会和普通百姓提供信仰支撑、心灵慰藉和生死选择答案的现代价值和社会功能等内容。康有为曾亲自创立并大力推广的"孔教会"，就是在这一中西文明比较的视野中重新认识国学故旧之产物。

2. 尊重生命：茶道与儒学的价值相遇

儒学中一个最具有合理性的观点，就是对人的乐观主义理解。荀子在《解蔽篇》中对认识的产生、人的认识能力等问题做过深入分析，他明确说"心，生而有知"，人生而就具有自然赋予的可以认识万物、获得知识的潜能。人有五官四肢，可以感受世界，从而得到关于世界的知识，这个不难理解，那么，人们怎么获得"道"这样的复杂、抽象的知识呢？

荀子的解释如下，"人何以知道？曰：心。心何以知？曰：虚壹而静。"对抽象知识、普遍道理的认识，不能靠观察外物，也不能靠日常经验的堆积，相反，只能从人的内心出发，排除外界干扰，全力思考和深入追问，才能够接近"道"、获知"道"，换句话说，习道、得道是靠人向内心进行反思或观照，这也是孔子反复强调"古之学者为己"之深意所在。

儒学的"尽心"主张是在价值论上充分肯定了人性善。人天生具有的心本来就是善的，从而尽其心即可成其事，人之心也成为了衡量、评价万物世事的依据，所谓"公道自在人心"讲的就是这个道理。用现代语言表达，就是将人先在地设置为价值的主体。中华茶道在此方面与儒学异曲同工。一方面它不离茶的物质性，充分肯定茶的本性、真性，其实正是突出它对人的心身益处，从而得以介入人的生活世界并与人一道构建生命的意义体系，人因茶而健体强身，人的主体性是通过对人的生命合理延长和无灾无难的方式实现的，茶就具有这样的功效；另一方面它强调有茶却不被茶所围，还要进一步将饮茶升华为品鉴的艺术活动、观照内心的修身活动、与友互动与人共处的社会交往活动。由于个体的生命是在群体中体现，生命的意义是不断发现、不断充实的过程，因此，尊重生命是一种基本的价值，从护理、照顾好身体出发，在生生不息的人生过程中证成生命价值。

儒学提倡生命一体，坦然接受生命所遭遇的一切，是非、成败、苦乐等等都只是生命本有的方面，不得不迎面接受和坦诚以待，由此就可以将它们转化成生命的历练或精神财富。从动态的方面，儒学指出，各类生命中的紧张、冲突均可化为生命本身不可或缺的因素而被中和、吸收，例如，生与死不是对立关系，通过祭祖等仪式安慰鬼神，让死者佑护生者。贵与贱也非常态，命数、运气等从中调和，在完整的生命过程和绵延的时间序列中，任何人都不可持久处贫或守贵。从静的方面，儒学强调内修、制怒、守成，以"我"化异者，以"内"容外界，只有持续且平和地修身、养生、克己，才能颐养天年、安享天伦之乐。不仅如此，儒学从未将生命视为孤岛，相反，它将生命置于生命存在的时空之中，生命是在与他人（首先是亲人、邻里、友人）的交往中展开，是在完成生命义务（各种年中祭事、人情往来、仪轨）中体现的，易言之，生命等同于生活。邻里亲族守望相助、善恶相劝，族规家训、乡规民约等加以成文化，这些无非是生命的直接外显。通过日用人伦中的洒扫应对，生命得以落实，中国人的文化形态大都生发于此。

古代儒者极少谈论抽象的道，所论无非是天道、人道、世道。也就是说，古典儒学的道无非是万物中的道，与人事息息相关的道。宋代的心学和理学的争鸣提升了古代儒学的思辨性，开启了大儒辈出的"新儒学"时期。例如，宋代理学大师朱熹用"理一分殊"来说明茶道的道理。茶通过与理直接勾连，不再停留在喝茶者的主观感受上，也不再只是茶外之道，茶分明有了理。茶有生命，道亦有生命，二者统一在有心性的人身上。尊重生命不仅意味着善待人类、善待身体发肤，还意味着要善待周遭世界和万事万物，因为它们皆是活的生命。

从尊重生命这一维度看，儒学推崇的核心价值包括：厚生（身体发肤，受之父母，不敢毁伤）、敬祖（慎终追远）、尽人力（天将降大任于斯人也，必先苦其心志……），这些价值分别对应身体的生命、历史的生命、意志的生命三个层面。这对今日茶人的启示就是：如何在绵延的历史长河中安顿生命？如何确立生活的意义并竭尽所能履行自身在世间的本分？这一方面需要正视自身，向自己和他人"坦呈"，同时需要不负天地生生大德，恪尽职守，不断"养成"，终至于成为有所得的茶者，在与他人分享生命体悟感知中成就大我。

真正的茶道是自我充足，不假外物的，因而领悟茶道之人是精神圆满，快乐至极的。中华茶道所提出的人生哲学主张运用了反身性判断，这极好再现了儒家的类比、类推、比附等思维方式。在中华茶道中，茗饮者将茶比作人的伴侣、将品茶视为人生历程，从中两相对比、观照，读出人生、生活、生命等可能具有的多重意味，拟人或拟物，人与茶、人与物，难分彼此，主客高度融合。这样的体验根本无法纳入现代科学理性的细分肢解之下，更不能通过西方逻辑原理的原子式检视，它就是纯粹中国式的，或者更准确地说中国人式的表达方式和生活方式。

茶产自大自然的生物圈，是一个生命活体，为人所用后获得了新的生命形态和呈现方式，人在品茶中反躬自省，观照内心，其实正是展开人与茶的对话，进一步地，是人与身处其中的世界对话，所以，茶的生命与人的生命交相作用，茶人得以自修，茶事得以升华。在一定意义上，茶可以成为儒学喻理说道的媒介，对于嗜茶的中国人来说，有儒有茶的人生才是值得向往的精神乌有之境。

3. 精行俭德：茶道与儒学的精神相遇

"四书"之一的《中庸》开宗明义说，"天命之谓性，率性之谓道，修道之谓教"。我们每个人都有一出生就自天而受的"命"，这个"命"又被称为"性"，即"天性"、"自性"。但这样的"天性"、"自性"只是粗朴的、原始的，还需要后天的努力，去善加维护、雕琢，这就是"率性"。如果依天道去率性，就实现了"道"。这体现在每个人的自身努力上，从而充分彰显出该个体生命的意义，可见，"道"不远人，人依道而行，道因人而被实现。对社会、国家而言，君主统治国家、官员为政一方其实都是实现"道"、遵循"道"的不同方式，"政者，正也"，一切政治活动不过是鼓励天下百姓人人修道，这就是教化之功，将文明施布于天下，这正是传统儒学德治主张的精髓。上述思想包含了政治与伦理并举的治国理政原则，并贯穿于中国传统社会的重要典章制度中，得到了无数儒者的精辟阐释。

悟道体德之后，方可游刃有余地处理世间万象和世俗社会的种种往来。例如，《大学》讲到德财关系就依循了这样的理路："是故君子先慎乎德。有德此有人，有人此有土，有土此有财，有财此有用。德者本也，财者末也。"儒学的基本社会思想都源自于它对尽心、知性、知天这样三个核心概念的本体论设定，即要将对天地意志的体验内得于己、外得于人，充分地外化为行动。因为"德"源于"道"，"德"高于世间任何其他实物。①

陆羽在《茶经·一之源》中写道："茶之为用，味至寒；为饮，最宜精行俭德之人。"围绕如何理解"精行俭德"这四个字，学界争议很大，有多种不同的看法。我们认为，"精行"与"俭德"是两个并列的词组结构，前者指行动上的精炼、精干；后者指品德上的审慎、节制。《说文解字》对"精"的解释是："精，择也。"《论语》提到"食不厌精，脍不厌细"，"精"首先是个动词，"精行"指对行动进行选择。"俭"字的含义至今未变，"俭德"合用也出现得很早。《说文解字》对"俭"字的解释是："俭，约也。"《易·否·象传》有"君子以俭德辟难"一句，《左传·庄公二十四年》则出现了"俭，德之共也；侈，恶之大也"。儒学主张"见贤思齐焉，见不贤而内自省也"，还提出"三人行必有我师

---

① 参见李萍：《论中国茶道对儒家自然观的扬弃》，《北京科技大学学报》2016 年第 1 期。

焉",克己复礼、尊人卑己、行事退身,这其实就是模范地践行"精行俭德"了。信奉儒学、严守儒学义理的人与茗饮者是相通的,因为茶性、茶德所体现出的价值理念也是儒学所倡导的基本精神。

很多人将"精行俭德"奉为中华茶人之茶德的滥觞,但我们认为,"精行俭德"绝不仅限于茶人品性、品德,它更是关乎茶人安身立命的基本精神,即茶人在超乎日常生活之外的精神自我追求。茶人要有区别于非茶人的脱俗之自觉,更要有对身为茶人的自我认同和期许,从而不假他物、不倚他人,成就自我的内在超越。茶人的精神跋涉和成长过程通常会表现出"苏醒"(对精神需要、自我意识萌发的感知)、"法度"(随心所欲不逾矩,法由己出)、"身受"(己欲立而立人、己欲达而达人)这样三个面相,在入世的拯救中完成自身的精神志向。

陆羽在《茶经·六之饮》中说到"茶有九难",要造出好茶、品饮到好茶是极其困难的事情,每一个环节都要用心造诣,否则功亏一篑。陆羽在叙述锼的制作时说:"方其耳以令正也,广其缘以务远也,长其脐以守中也。""令正"、"务远"、"守中"皆是儒学推崇的行为规范。孔子曾说"战战兢兢,如临深渊,如履薄冰",做人做事都要小心严谨以守心持正,讲的也是一个道理。

虽然历史上有多种茶道形态,但流传至今的中华茶道的主体源于雅文化,是一种士大夫式的生活体验,对这样的茶道进行哲学审视,其实就是对中国传统知识分子(又可以称为"文人")的思维方式、价值观念的检视。① 这一群体是中国传统文化和中国传统社会的主要担当者。

---

① 学界曾经掀起了中国自身的传统思想中有无哲学的争论。笔者认为,若不强求哲学的唯一表达形式,中国古代是有哲学的,通过茶道、诗歌、史书等去总结也许更易于把握中国哲学的真相。

尽管现代社会是一个英雄老去、平民治世的时代，每个人都可以成为自己的主人，然而，一个有品位的优雅社会仍然需要有那么一个阶层或一些群体来承担燃灯者的角色，他们为未成年人提供楷模，为失意者提供前行的动力，为怀旧者提供观照历史的最后栖息所。中华茶道保留的典雅、古朴和精神品位也是吸引无数当代人投身其中的重要原因吧。

4. 顺从自然：茶道与儒学的信仰相遇

中国现代新儒家代表人物冯友兰先生在《新原人》①一书中对人生境界作出了划分，这就是著名的"人生四境界说"。四层境界分别是：自然境界、功利境界、道德境界、天地境界。冯先生强调，进入天地境界才是人生的最终觉解。觉解了天地境界的人就是孟子所言的"天民"，身处此境界的人不仅自觉其社会性，与他人和解，而且体认到自身是宇宙一员，民胞物与，"知天""事天"，与万物同体，行为思考的出发点皆是宇宙间万物的共存共在。冯先生用"天地境界"来表述最高的人生境界理想，这确实极好地揭示了中国传统儒学一以贯之的基本理念。从中国哲学上看，比"天地"更为抽象的"天道"②才是中国儒学全部理论的最终依据，"天地"意识或天地信仰是天道在人生哲学中的具体化。这不是说宇宙论、形而上学、认识论等在儒学思想体系中都不重要，恰恰相反，儒学不否认这些问题的重要性，但这些问题并非独立自存的问题，只有放入与人生问题的密切关联之中才变得重要起来。

儒学的自然观总体上可以概括为"自然人文主义"，即主张顺应自

---

① 参见冯友兰：《新原人》，三联书店 2007 年版。

② 孔子还提到过"天命"，可以将"天命"理解为"天道"的内化，即对天道的主体性确认。宋明时盛行的是"天理"，强调了"天道"的客观普遍性和逻辑必然性。

然、天人相与。如何看待人与周遭环境的关系呢？儒学的基本主张是将人置于天地之中，既看重人的独特作用，提出了"人为万物之灵长"、"人定胜天"的观点；又认为人"仰天俯地"，透过天象、地理来认识天地，由此思考自身何以自处行动的恰当方式，"天"与"地"对人起着引导、栽培的作用，人要敬天祭地，恭顺服从天地。正是在此意义上，儒家的天地人关系理论明显不同于道家：道家也重天地，却将天地视为万物的主宰，置于高高在上的终极"道"的地位（"道可道非常道"）；与此相反，儒家所侧重的是天地之中的人，人在天地间，人既要依从天地、尊重天地，但又不能为天地所缚，突出强调了人对天地的体会，即"德"。对"德"的强调，体现了儒学的精神追求，以至人们通常将儒学视为伦理型思想体系。人们通常不将儒家视为自然主义，因为儒家的自然观并不以自然本身为起点，更不以自然为归宿，相反，它看重的是人与自然的恰当关系。

中华茶道的即物性与儒学的自然人文主义倾向完全一致。儒学提倡从日用人伦、洒扫应对中完善自我、成就事功，儒学始终不离生活本位和人的原初自然性。同样，中华茶道不离茶性，如咽苦、生津、回甘等，茶道的阐发不脱离人与茶的接触所带来的身体、生理、心理等自然反应，这体现了中华茶道的生命在场及其相应的存在充实感，这也可以解释为什么茶道在中国广为普及、为人痴爱的深层原因了。

中国传统儒学总体上属于伦理型思想体系，注重礼制、人伦纲常和道德教化。茶文化和茶道的兴起，不仅受到了儒学的影响，也改变了儒学的表达、接受方式。例如，与礼融合形成的茶礼就是一个极具创新的文化事件。中国传统的礼制十分严苛、烦琐，茶礼因茶香、解渴带来身体舒适进而令人精神放松，拉近了主客间的距离，弱化了礼制的严肃古板。待客、谈事等各类日常生活的礼仪和正式的邦交往来中，敬茶都是一个重要内容。施茶还成为中国乡土社会中常见的善行义举。在江浙一带就有传承已久的风习"施茶汤"，在巷口、村头、十字路口等多人行走处放置一大缸茶水，免费供行人饮用。[①] 在云南边陲少数民族聚居地至今还保留着在村寨出入口和百姓家门口放置茶水、茶杯供行人免费使用的做法。"茶礼"所体现出的敬重他人、礼遇宾客、友善邻里的观念正是儒学一贯主张的"仁"之具体化。

中华茶道推崇的亲近自然、还原本性，不只是单方面地肯定茶性，而是强调在不违自然的前提下满足人，包括人对滋味（身体需要）、品味（心理需要）、真味（信仰需要）等的多重愿望，从这个意义上说，我们认为，茶道是中国茶人的精神信仰，茶人们不离世不弃生，通过全身心投入，全面体悟个中奥妙、通体参透其中真谛。要做到这些，茶人们必须在心理上做减法、在精神上做加法，即通过"洗尘"（去除认知误区和情感遮蔽）和"放下"（开启迎向自我的新生之大门），得以步入不断向上的通道，在自我确信中一路前行。

本书的主题是揭示中华茶道中的儒学精神，换句话说，就是阐述中华茶道与儒学的汇通，为此，我们将在正文部分通过心性论、认识论、修养论、交往论、境界论这五个方面具体阐述儒学与茶道融汇交织的表现形态。大益茶道院早在 2010 年推出的大益八式作为中华新茶道的突出代表，比较好地再现了中华茶道的上述内容，我们在正文中将以大益八式为主要媒介来解说中华茶道中的儒学精神。

---

① 参见李萍：《论中国茶道对儒学生命观的扬弃》，姚新中主编：《哲学家2015—2016》，人民出版社 2016 年版。

大益八式是茶道修习方式，而非简单的茶艺表演，因为它包含了一套自我一体、自洽圆融的茶道学说，这样的茶道学说可以视为儒学传统的"接着说"。大益八式的哲学命题来自对人生八大失误的反思和克服，这八大失误就是贪欲过多、沟通失灵、善恶不分、取舍失当、急于求成、双重标准、自利心重、患得患失，为此就有对治八法。修行大益八式的饮茶者们通过一次次正经合规的喝茶，就是在洗心革面，反省自己，获得长进。

因此，贯穿全书的红线是"天地"范畴，该范畴既是儒学的根本，也是理解中华茶道的密钥。心性论回答人在天地间的位置，对人的基本属性作出设定，"为己"、"立身"被儒学视为人在世间的使命。大益八式中的"洗尘"、"坦呈"十分完美地揭示了这些内容。认识论探讨人与周遭世界的关系，茶只是自然物，茶道则是文化的产物，因人的在场和解读，茶得以进入人的意义世界。大益八式中的"苏醒"、"法度"将人与茶的关系深度勾连起来。修养论关注人格养成，饮茶中的净心养性、饮茶后的愉悦澄明都产生了积极的催化作用，这也是大益八式通过"养成"、"身受"这样的程式所要达到的目标。交往论意图阐释儒学和而不同的思想，为现代社会人际互动、社会结构有序调整提供解决方案，这反映在大益八式中就是"分享"。通过茶汤、茶水的分享，逐渐引导茶人打开心扉，成为利他合群之人。境界论着重分析内在超越如何可能的问题，儒学认为"性相近，习相远"，后天的学习、作为、行道才是造成每个人达至不同境界的决定因素。至高境界永无止境，是一个无限追求的动态过程。积极向上的人生就是一个不断提升自身境界的生活状态，为此，需要戒骄戒躁，克服自满自足，大益八式中的"放下"即排空杂念的不二法则就契合了这一层深意。

品茶养心

第一章

元赵孟頫《斗茶图》（局部）

中国传统儒学的精神品格之一在于"内在超越"。这样的内在的超越不假外求，而是向内寻求当事人自身的思想开悟和境界提升，因为它"内在于人性之中，是心性理论的起点——天命之谓性；也是心性理论的终点——归根曰静或尽性至命，力求在躁动逐利的现象世界中找回清静纯粹的善的本性"①。中国传统儒学所勾勒的"尽心—知性—知天"之路线，是希冀通过"正心"、"诚意"、回归本心等工夫来实现个体的道德修养，以达至境界之圆融。

本章将从心性论的角度立论，揭示品茶在个体"为己"、"立身"中的媒介作用。茶，集天地间之灵气，不仅"慕诗客，爱僧家"，同时也颇得儒学的企慕。现代台湾茶文化大师、大陆茶文化复兴的推动者范增平先生认为，"茶"与"儒"在历史发展中互相渗透形成了"茶儒一体"，即礼节、仪轨和儒者风范在茶事活动中融为一体，这就是人们通常说到的品茶养心、以茶雅志、悟茶明道等风韵雅事。正心诚意，修道见性，

---

① 向世陵：《中国哲学"反本""复性"论研究》，《中国人民大学学报》2007年第5期。

用"洗尘"之易简工夫沟通外在周遭，进而在"坦呈"中彰显本心，这极好地契合了儒学"内在超越"之诉求。

一、品茶与喝茶之别

文化名家梁实秋先生曾言："凡是有中国人的地方就有茶。人无贵贱，谁都有分，上焉者细啜名种，下焉者牛饮茶汤，甚至路边埂畔还有人奉茶。北人早起，路上相逢，辄问讯'喝茶末？'"[①]茶为国饮，既有"柴米油盐酱醋茶"之市井气息，又有"琴棋书画诗曲茶"之雅致况味。在一定意义上可以说，前者"养身"，后者"养心"。很显然，梁实秋先生所言"牛饮茶汤"者，系喝茶，"养身"是也；"细啜名种"者，系品茶，"养心"是也。品茶与喝茶之别，主要体现在"心智之养"与"口腹之欲"的区别上。为了更全面、更准确地回答此问题，我们将在本节从生理性、审美性、精神性三个方面逐一加以细致阐述。

1. 饮茶之于口腹

茶圣陆羽对饮茶的生理功效早有精辟的总结，他说："茶之为用，味至寒，为饮最宜精行俭德之人。若热渴、凝闷、脑疼、目涩、四肢烦、百节不舒，聊四五啜，与醍醐、甘露抗衡也。"（《茶经·一之源》）在这里，陆羽将饮茶之生理性功效喻为饮用醍醐、甘露，饮茶之于口腹

---

① 梁实秋：《喝茶》，转引自马明博、肖瑶选编：《我的茶——文化名家话茶缘》，中国青年出版社 2012 年版，第 6—7 页。

的作用由此可以窥其一斑。作为世界三大无酒精饮料之首，茶在与人类相遇的历史征程上，经历了药用→食用→饮用→品茗的发展过程。我们不妨分别谈谈茶的药用、食用和饮用。

谈及茶的药用，有广为流传的神农氏与茶的传奇故事："神农尝百草，一日遇七十二毒，得荼①而解之。"（《神农本草经》）唐朝陆羽在其设计的风炉上，铸写了"体均五行去百疾"，强调以茶协调五行，在将茶从植物变成可以喝下去的汤料过程里，揭示了茶对人类身体的益处，完美地再现了与人的和合。日本著名僧人荣西在《喫茶养生记》里对茶的药用做了如下称道："贵哉茶乎，上通神灵诸天境界，下资饱食侵害之人伦矣。诸药唯主一种病，各施用力耳，茶为万病之药而已"。荣西视茶为高贵之物、万病之药，上通神灵，下救饱受饱食所侵的黎民。②英国学者托比·马斯格雷夫、威尔·马斯格雷夫在《改变世界的植物》一书中也视茶为"神效的仙草"③。

散文家郭风先生在杭州虎跑喝完龙井后曾做如下记载："不料我可能因为生理上的需要，竟一如酒徒之余酒，只顾牛饮，而不自知从容喝下，至今想起来，当时竟不知所饮茶其色如何，其味如何，但觉饮后，渐渐地，口中津津然，渴意全无；又慢慢地，四肢爽然，如有所释然，劳顿

---

① 这里的"荼"与"茶"是同一事物。

② 需要说明的是，荣西用汉文写就的《喫茶养生记》一书同时肯定了茶的药用和食用之特征，而且作者是站在佛教立场而写作的。从词源学的意义上来考究，汉语经过了简化，最早跟"喫"有关的是吃食物，"吃"则表示发音不准确，发音模糊、困难，即"口吃"。在唐代，特别是陆羽《茶经》以后，包括宋、明，中国人讲到茶，都是用"饮"、"啜"、"品"，"喫"被弃用，只是在佛门还被使用，比如赵州茶讲的都是"喫"字。参见：http://www.tea-ismphi.cn/School/Talking/890.html。

③ ［英］托比·马斯格雷夫、威尔·马斯格雷夫：《改变世界的植物》，董晓黎译，希望出版社 2005 年版，第 113 页。

无有。这一次喝茶，也可以如是说：最主要的印象，看来是它的药物作用，以及它对生理上的一种积极效应"①。杨绛先生在《喝茶》一文中旁征博引，对茶的"涤昏寐"效果留下了如下笔墨：1660年的茶叶广告上说，"这刺激品，能驱疲倦，除噩梦，使肢体轻健，精神饱满。尤能克制睡眠，好学者可以彻夜攻读不倦。身体肥胖或食肉过多者，饮茶尤宜"。莱登大学的庞德戈博士（Dr.Cornelius Bontekoe）应东印度公司之请，替茶大做广告，称赞茶"暖胃，清神，健脑，助长学问，尤能征服人类大敌——睡魔"②。

随着现代科研水平的提高，人们对茶叶的认识越来越深入。例如，茶叶的化学成分已被发现多达500多种，经过分离和鉴定的有机化合物有450种以上，这些成分中绝大部分是水溶性物质，这就使得饮茶具有康体保健之功效③的看法不再是古人的猜测，相反，已经得到了科学的高度肯定。我们以"外温润而内坚刚"来解释喝茶带来的身体益处：其一，就"内坚刚"而言，从一片"香叶"、"嫩芽"，到饮者的杯中汤，茶经历了采摘、萎凋、杀青、揉捻、焙干等生命的淬炼历程，带着饱含生命力的温度与饮者相遇，呈现出千变万化的茶香；其二，就"外温润"而言，它意指茶给人带来的"回甘"、"生津"、"喉韵"等美妙的饮茶体验。啜苦咽甘，口齿生津，滋润口腔。喉韵的强弱通常被老茶客视为品评茶叶质量好坏的标准。满口回甘的强喉韵茶，备受老茶客的青睐与厚爱。以大益普洱熟茶之标杆茶7572为例，它承载了大益数代茶人的智慧，由此加工、制作出来的茶口味纯正，茶汤醇滑度高，使饮者倍感喉韵甘甜悠远。

① 郭风：《茶小记》，转引自马明博、肖瑶选编：《我的茶——文化名家话茶缘》，中国青年出版社2012年版，第32页。

② 罗银胜：《百年风华：杨绛传》，京华出版社2011年版，第122页。

③ 吴远之主编：《大学茶道教程》（第二版），知识产权出版社2013年版，第11页。

我们认为，茶的这种"外温润而内坚刚"之本色，能透过饮者身体内部而表现出来，能润泽人之身体的自然生命。从茶性上来讲，"茶是山与水的灵气所通、钟灵毓秀"，"人在草木中"，作为集天地之灵物，"茶的空间位置在天和人之间，代表整个三才交汇的一个位置，在阳宅和天之间，这是茶本身应该所处的位置。所以说人崇拜茶或者说人信仰茶，是有原因的"[1]。天地人三才正是通过茶构成了一个浑然一体的小宇宙整体。在此小宇宙整体中，茶气—茶水之中所蕴含的能够渗透和疏通人体经络的能量，津养人之自然身体。"肌骨清"、"通仙灵"之通达，是诸多老茶客毕其一生孜孜不倦的"喝通"的追求。品质纯正的陈年老茶，其茶气能够渗透人体的五脏六腑，助力维持人体内环境的稳定，具有延年益寿之功效。"何止于米，相期于茶"，茶寿（108岁）这一术语，本身就是对茶之康体保健本色的极好表达。一生与茶结缘，茶人被"安顿调护"于天地之间，也体现了人之自然生命的有限与茶人生机之无限间相互助力的关系。

在快节奏的现代社会，我们的健康日渐被侵蚀。2019年4月，一则"工作996，生病ICU"的刷屏贴在短时间内快速发酵，也引发人们对现代快节奏、亚健康式生活方式的反思。2014年发布的《中国人的运动健康大数据》[2]显示，中国已超越日本成为"过劳死"大国，巨大的工作压力导致我国每年因过劳死亡的人数达60万，尤以年轻白领居多。时下各类保健养生的话题也不绝于耳，甚至噱头百出，大概也可以说是一个反证。其实，我们不妨将茶视为生活的伴侣，在温杯烫盏的慢节奏中缓解日常的焦虑和紧张，正所谓"且将新火试新茶，诗酒趁

① 钮文昇、常春、李新影：《年轻一代最该学会休息》，"人民网"之《生命时报》栏目，2016年10月16日。

② 李杨、秦磊、谢邦昌：《中国人的运动健康大数据》，《中国统计》2017年第7期。

年华"。近年来，全国各地产茶区推出的茶旅就迎合了时下人们在健身、休闲方面的需求，特别值得一提的是贵州省凤冈县推出的"康养茶旅"项目；此外，中国大陆瑜伽学者石鉴月先生、徐永立先生所开创的，且已获得国际瑜伽协会认证的"瑜伽茶道"，正是以茶为媒，充分发挥茶的康体保健作用的重要举措，这些都是值得充分肯定的有益探索。

谈及茶叶的食用，不论是做成羹汤，抑或是菜食，茶对于人之口腹的生理功效在历史文献中也都有很多相关记载。茶的这一食用方式至今在部分少数民族地区仍然可以看到。如基诺族的凉拌茶、苗族和侗族的油茶，以及客家族的擂茶等。藏族有谚语"一日无茶则滞，三日无茶则痛"，"饭可一天不吃，茶却不能一顿不喝"，以至于去拉萨磕等身长头朝圣的藏民们，尽管一路风餐露宿、缩衣节食，但大多会随身携带酥油茶以补充体力、解舌燥、驱倦意。众所周知，高原气候不适宜植物和蔬菜的种植，藏民们的日常饮食严重依赖牦牛肉，他们靠茶叶来补充体内维生素的供给。茶叶，因其是藏民饮食中维生素的重要来源，因此，被藏民们戏称为"黑色黄金"①。在我国历史上曾经出现的茶马互市②、盐茶互

---

① 这也解释了藏民为何比世界上任何一个地方的人都能喝茶。对藏民来讲，茶就是他们的血、肉、生命，一日不能无茶。据记载，藏名平均每天要喝 50 杯以上的酥油茶。参见由韩国 KBS 和日本 NHK 电视台联合摄制的纪录片《感悟亚洲系列·茶马古道》之第 3 集《路因茶叶而生》（Asian Corridor in the Heaven 3 of 6 Tea Makes the Road Open）。

② 四川雅安曾经有繁荣的茶马市场，如今依然是四川最大的茶叶制造中心。雅安的大部分茶厂，都是专门给藏民们生产茶叶，他们称这种茶为"边茶"。边茶一般提供给藏民做酥油茶用。作为边茶的制造中心，雅安的兴旺始于宋代，宋朝皇帝曾专门在四川雅安设立茶马司来管理茶马交易，茶马司定价"马一匹茶千八百斤"，即宋朝时一匹好马等价于 1800 斤茶叶，约现在的 1080 公斤；随着茶叶价格的抬高，到了明朝，"上马一匹给茶百二十斤"（《明食货志》），即一匹好马仅值 120 斤茶叶。参见由韩国 KBS 和日本 NHK 电视台联合摄制的纪录片《感悟亚洲系列·茶马古道》之第 3 集《路因茶叶而生》（Asian Corridor in the Heaven 3 of 6 Tea Makes the Road Open）。

市之景象，也正反映了茶对边民们口腹的影响，即解油腻、助消化、补充维生素等功效。时至今日，我们寻访茶马古道、盐茶古道，依稀可以从远去的驼铃声声中闻到从远古飘来的悠悠茶韵。

谈及茶的饮用，那就有更多的话题和无数的文献佐证了。最具代表性的当属茶圣陆羽所做的如下经典概括："茶之为饮，发乎神农氏，闻于鲁周公，齐有晏婴，汉有扬雄、司马相如，吴有韦曜，晋有刘琨、张载、远祖纳、谢安、左思之徒，皆饮焉，滂时浸俗，盛于国朝，两都并荆俞间，以为比屋之饮。"（《茶经·六之饮》）从上述文字不难获悉饮茶之风盛于唐，这大抵与陆羽一改彼时附加姜、桂、盐、葱等佐料的混合煮茶方式而提倡煎茶轻饮的努力有关。之后，经过宋朝点茶、明清泡茶的演变，饮茶越来越简便化和普及化，也逐渐回归茶叶自身的本真味道。

从形而下的俗世层面来看，饮茶之于口腹，与茶自身的市井烟火气也密切相关。从饮茶看世间百态，既有晨起暮落的市井平淡、琐碎日常；又有茶汤中的烟火氤氲与流淌。在古时，茶被赋予中国百姓"早起开门七件事"之一，茶里千秋也可缓释日常生计下的生存紧张。明代大才子唐伯虎的《除夕口占》："柴米油盐酱醋茶，般般都在别人家。岁暮清淡无一事，竹堂寺里看梅花"，用除夕赏梅的画风来自嘲身处"开门"之穷困潦倒困境；"前门索债乱如麻，柴米油盐酱醋茶；我亦管他娘不得，后门走去看梅花"（《避债中》），面对"开门"之穷愁的琐碎日常，他却可以做到超越索债的一地鸡毛，以赏梅来自我解嘲。

茶的饮用其实就是通俗而言的喝茶，喝茶中也有俗饮和雅品之别。所谓俗饮，大抵是人们在大众场合的聚而饮之，从一碗茶汤中看市井烟火流淌。比如，蜀中茶馆、粤香茶楼，茶香与茶客的鼎沸声并在，粥香与茶氲交织，可谓在最市井的烟火里，饮一碗"口体的傲娇"。所谓雅品，就会涉及品茗的境界，进入下一个问题了。

2. 品茶之于审美

作为一代"茶圣"，陆羽在《茶经》中就不仅谈到了茶的色、香、味、形等维度，还将茶饮风尚提升至艺术化审美的高度，并以具象化的方式将雅品的曼妙情致呈现得淋漓尽致。比如："沫饽，汤之华也。华之薄者曰沫，厚者曰饽，细轻者曰花，如枣花漂漂然于环池之上；又如回潭曲渚青萍之始生；又如晴天爽朗有浮云鳞然。其沫者，若绿钱浮于水湄，又如菊英堕于鐏俎之中。饽者，以滓煮之，及沸，则重华累沫，皤皤然若积雪耳。《荈赋》所谓'焕如积雪，烨若春敷'，有之。"（《茶经·五之煮》）陆羽以枣花、青萍、浮云、绿钱、菊英、积雪等自然物作喻，赋予茶汤沫饽以田园生态美的场域想象，试图以茶汤为媒诗意地栖居。

雅品，不论是聚而饮之，还是独饮一壶，汲水煮茗时，从选水到选茶，到品茗环境的营造，再到茶具的配备[①]，无一不关涉外在的茶事审美带给主体内心的愉悦。茶事审美中的精致化追求，是极其符合儒学总体情趣的。孔子早在《论语》中提出了"食不厌精，脍不厌细"的生活美学诉求。在儒学看来，精致是一种文明的向度、价值的选择，传统儒者提倡过一种典雅、精细的生活。

以潮汕工夫茶为例，在以"精"著称的潮汕文化里，擎杯提壶间，

---

① 在茶器的选择上，陆羽也是极其考究的。为了使茶与器相得益彰，陆羽从其多年的茶事实践中总结道："越州瓷、岳瓷皆青，青则益茶，茶作白红之色。邢州瓷白，茶色红；寿州瓷黄，茶色紫；洪州瓷褐，茶色黑，悉不宜茶。"（《茶经·四之器》）

就极好地诠释了雅品之审美情思。诚如潮籍学者翁辉东（1885—1963年）所言："潮人习尚风雅，举措高超，无论嘉会盛宴，闲处寂居，商店工场，下至街边路侧，豆棚瓜下，每于百忙当中，抑或闲情逸致，无不借此泥炉砂铫，擎杯提壶，长斟短酌，以度此快活人生。"[①] 就工夫茶的冲泡方式而言，基于"精"的工匠化追求，冲泡时有悬壶高冲和低斟之动作要领，整个行茶礼杯的过程充满了丰富的动态美和情趣美。悬壶高冲，把壶提到一定的高度，增加水柱的冲力，使这泡茶整体快速受热，同时，为了防止"冲破茶胆"，开水需要从茶壶边冲入，切忌直冲壶心，此即为"高冲"；"低斟"，其目的是让茶汤的香气少些流失，保全香气，提升味趣，具体操作方式为沿着杯面，又不碰到杯面，均匀注入摆成"品"字的三个杯，如此，方为达致工夫茶的三境界——"芳香溢齿颊，甘泽润喉咙，神明凌霄汉"——奠定基础。

翁氏又指出："工夫茶之特别处，不在茶之本质，而在茶具器皿之配备精良，以及闲情逸致之烹制法"（《潮州茶经·工夫茶》）。在历史的发展过程中，中国茶具经历了唐碗→宋盏→明杯的演变，其整体的趋势是从大到小、从粗到精。就潮汕工夫茶的茶具而言，由最初的大而厚，发展至如今的"薄、白、小、巧"[②]，从茶具上形塑着潮汕工夫茶的传承，翁氏曾经精辟地总结道："不薄不足以出香，不白不足以衬色"[③]。从造型到用色、从胎质到烧制，在工夫茶甘醇香韵的浸染中，品者经历一场美的洗礼。

随着现代人生活水平的提高，开始摆脱匮乏经济时代的生活习

---

① 《潮州茶经·工夫茶》。翁辉东作于 1957 年，仅成"工夫茶"一篇，以手抄本行世。

② 被誉为工夫茶茶杯选择的四字诀。

③ 转引自 http://www.teaismphi.cn/School/teaism/872.html。

惯，转而追求精致化的有品位的生活样式，与茶为伴的生活方式生逢其时，受到追捧，因为品茶的生活方式不失为有文化品位追求者的选择。这样的精致化生活方式曾经是极少数士大夫或官宦的专享，今天却越来越成为普通人日常即可获得的生活美学体验。例如，早在宋朝，我们的先人就已提出"焚香点茶，挂画插花，四般闲事，不宜累家"（《梦粱录》），然而，宋代以降，上述"四般闲事"非但未得到传承，甚至曾一度被迫中断，反而在我们的邻国日本发扬光大，茶道与香道、花道并称为日本的"雅道"。对于向往精致生活、追求格调个性的现代人来说，不妨让茶重新成为一种生活方式，在茶事审美中重现古香雅韵。

3. 品茶之于精神

周作人曾从日常意义上解读茶道，将其视为忙里偷闲，苦中作乐，在不完全的现实中享受一点美与和谐，在刹那间体会永久。日本思想家冈仓天心把"茶"提到了"信仰"的高度，他认为："茶是一种对生命精彩之处的信仰"[1]。与代表"死的艺术"的武士道相比，茶道代表的是"生的艺术"[2]。这样的理解其实都深切关联着茶道而非简单的茶本身。我们认为，茶道意指基于茶自身的性质而淬炼出的精神世界。茶道不能脱离开茶的解渴效用这一物质属性，同时又要在饮茶过程中对饮茶活动作出精神投射，这才可能形成茶道。[3] 这就涉及

---

[1]　［日］冈仓天心：《茶之书》，谷意译，山东画报出版社 2010 年版，第 38 页。

[2]　同上书，第 7 页。

[3]　参见 http://www.teaismphi.com/News/888.html。

品茶之思想、意识、观念等精神性内容，也关涉品茶者的生命体悟与顿悟。

中华茶道的核心是饮茶者的内心观照以及饮者同伴间的心与心的沟通。易言之，它是以茶为媒介而展开的精神领悟。所谓"独饮得神、对饮得趣、众饮得慧"，其实也是基于主体（个体的人和关系中的人们）立场来关注人与茶的互动，从而揭示人在喝茶、品茶的过程当中所发生的精神活动或思虑跃升。

中国传统儒学中的经世致用思想，发展至宋明表现为格物致知学说，格物不仅仅是知识论的要求，也是价值论、工夫论和境界论的统一。在儒学的视域下，就"茶"这一具象事物而言，我们可以在格茶中成就个性的伸张，实现小我的自足，达致大我的圆融与担当，而这也恰好圆满地契合了独饮、对饮及众饮的精神内涵。

独饮，乃一场个体的精神漫游。印度精神漫游大师克里希那穆提曾做如下论述：只有当我了解时间造成的失序之后，眼前的真相才会真的有所改变。精神漫游，可以让时间从"眼前的真相"里逃离，于是那"暮色"那"钟声"在瞬间的清晰呈现之后，渐次模糊了轮廓消散在无边无际的光阴中。① 独饮，穿越光阴的帷幕，个体的思绪漫射于情感年轮的轨道里。正所谓"情浓一杯酒，相思半盏茶"。"坐酌泠泠水，看煎瑟瑟尘。无由持一碗，寄与爱茶人"，这是唐代诗人白居易由山泉煎茶引发的对爱茶人的"无由"怀念。"怀君属秋夜，散步咏凉天。空山松子落，幽人应未眠"，唐代诗人韦应物着墨淡淡，但语浅情深，深秋夜，霜天凉，大抵是松子茶的津香润滑引发了诗人对

---

① 参见江野：《阅读的美学价值》，《诗歌周刊》第223期，2016年8月13日出版。

朋友的遐思。

独饮，也是一种自我款待的便捷方式。温杯烫盏、润泽佳茗，在一口一口的细啜慢品中，时间缓释着生活里的焦灼，也暗含着人生中的平平仄仄，正所谓沉浮酿芳华。杨绛先生在注解"诗清只为饮茶多"时说，记不起哪一位英国作家说过，"文艺女神带着酒味"，"茶只能产生散文"；而咱们中国诗，酒味茶香，兼而有之，也许这点苦涩，正是茶中的诗味。

对饮，抑或是众饮，作为一场茶侣间的精神会餐，既可以是"草草杯盘共一饮"的"叹茶"享受，也可以是文人墨客的聚而饮之。一个"叹"字，极为传神地表达了品茶的情致：水乡人不仅仅是在"叹"茶，更是在"叹"心、"叹"生活。清代张潮在《幽梦影》中写道："人莫乐于闲，非无所事事之谓也。闲则能抚琴，闲则能游名山，闲则能交益友，闲则能饮茶，闲则能著书。天下之乐，莫大于是。"古时这种以文会友、烹泉煮茗的文人雅集，正是我们所主张的中华茶道之"闲—隐—乐"精神的具象化表达。

台湾茶人李曙韵女士把感受并适度享受孤独视为修习中华茶道的不二法门，用"茶人的孤独"独到地诠释了独饮和群饮的辩证法，她说："茶人是孤独的，并非单身或孤家寡人才能成为茶人，而是茶人常常在茶汤里，品味到独与天地精神往来的杯中山川景象。茶人往往因茶而群，却也往往因茶而孤。群居是借茶的聚众能力在人世间作大修行，孤处则可以检藏内在，梳理生命。"①

---

① 李曙韵：《茶味的初相》，安徽人民出版社 2013 年版，第 9 页。

二、洗尘：易简工夫

在追求人的内在超越性这一问题上，程朱理学和陆王心学是有共识的，但在如何实现内在超越的致思路径上，二者分道扬镳，陆九渊评述朱子向外穷理的方法为"支离事业"，进而提出了"发明本心"之"易简工夫"。然而，正如现代新儒家贺麟先生所指出的："讲程、朱而不能发展到陆、王，必失之支离，讲陆、王不能回复到程、朱，必失之狂禅"①。

一茶一世界，一壶一人生。茶中见性，在品茶过程中，观照心的"流行发用"，努力做到"感而遂通"，这就是我们所指的品茶养心之意蕴。既包括通过洗尘之易简工夫抹掉外在周遭的尘埃、破除对物欲的执迷，又涵摄茶者彰显本心之坦呈。自然国学研究者张耀南教授颇有见地地指出："茶的特殊性就在于它从物质到原精神层面，贯通性地构成一个和人类的生产、生活、生态完全对应的立体的精神世界，正是因为这样，所以我们说茶可以成人，也可以有茶人这个概念出现。"②

1. 一洗入茶门

纵观人类的进化历程，一方面，人逐步脱离动物本性，由野蛮走向文明，这就是所谓的文野之分；另一方面，人类社会的进步过程同时伴随着人对欲望的追逐与满足，正是在这个过程中，人之"本心"被遮蔽，

---

① 贺麟：《五十年来的中国哲学》，辽宁教育出版社 1989 年版，第 215 页。
② 引自张耀南教授于 2017 年 6 月 10 日在北京大学中国政府治理研究中心主办的"探寻中国茶道的文化足迹"学术研讨会发言内容（未刊稿）。

人越来越偏离其自身的本然状态，这就需要"祛蔽"，彰显本心。"竹下忘言对紫茶，全胜羽客醉流霞。尘心洗尽兴难尽，一树蝉声片影斜。"这首诗描述的是唐代诗人钱起（"大历十才子"之一）与友人赵莒茶宴聚首的情景，作者用白描的手法，描述了"尘心洗"，饮紫茶，茶兴浓至"蝉声片影斜"的忘我境界。这样的境界其实也是中国传统儒学所倡导的身心双修的境界，即性命双修之境界。

基于"内在超越性"，中国儒学倡导去欲"祛蔽"，直指本心，肯定了人的自由自觉，高扬了人的道德主体性。这为俗世生活世界中每个人的修身修心提供了诸多学理阐释。从某种意义上来说，通过事茶，人们可以饮茶修道，涵养心性，去欲修心。云南大益集团董事长吴远之先生，基于茶道是滋养心灵之良方的信念，从其知行合一的茶道认知学的体悟和实践中，提出了中华茶道的研修方法——大益八式。其中，第一式"洗尘"的含义就是"洗去凡尘，入定茶门"，以此开启专注、庄重的精神状态，为进入茶道世界做准备。这是极其符合中国传统儒学思想内涵的做法。饮茶即洗心：洗去的是烦恼，留下的是轻松；洗去的是浮躁，留下的是平静；洗去的是贪执，留下的是愉悦。[1]"流华净肌骨，疏瀹涤心源"，这是颜真卿等人在茶诗《五言月夜啜茶联句》中对于饮茶体验的曼妙表达。"温一壶月光下酒"，"醉拍春衫惜酒香"，这是台湾作家林清玄用散文的笔触所描摹的月夜品酒图景。同样，我们可以说，温一壶月光煮茶，悟澡雪精神洗心。

对于洗心的重要性，《大学》里曾言："意诚而后心正，心正而后身修，身修而后家齐，家齐而后国治，国治而后天下平。"从某种意义上

---

① 参见吴远之：《大益八式：中国茶道研修方法》，中国书店 2014 年版，第 19 页。

来说，人活一世，终其一生都是行走在洗心尘的征程上，"人是世间尘，心被凡尘困"。英国威斯敏斯特教堂的地下室墓碑上，刻有一段给全世界带来心灵震撼的墓志铭："在我年轻的时候我曾梦想改变这个世界，可当我成熟之后，我发现，我不能够改变这个世界；于是我将目光缩短一些，那就只改变我的国家吧，可当我到了暮年的时候，我发现我根本没有能力改变我的国家；于是我最后的愿望仅仅是改变我的家庭，可是这也是不可能的。当我躺在床上，行将就木的时候，我忽然意识到我当初要是先从改变自己开始，也许我就能改变我的家庭，在家人的鼓励和帮助下，也许我就能为我的国家做点事情，然后谁知道呢？说不定我能改变这个世界。所以，其实对每个人来说，最重要的是，学习如何改变自己。"这与儒学的修齐治平主张有着高度的吻合。改变自己，是一切的开始。

心尘林林总总：为欲望所困，被名利摆布，于是乎，在不自不觉中坠入一个"失重"时代。对此，国内学者周濂教授曾如是说："因为找不到一个可以维系的支点，所以很多人，越来越多的人，也就无所谓上下左右是非对错了。因为看不清，不明白，不想明白，不被明白，所以索性闭眼，在失重的宇宙，索性继续漂浮下去。当然，这样的生活仍旧需要自我辩护，所以才会发明出'丧'、'佛系'这样的'观念'"[①]。"心是孤独的猎手"，改变自己，仍然要从洗掉心头的尘埃起步。

急躁也是心灵的尘埃。瑜伽，一种缘起于古印度的佛教苦修法，时至今日，已经演变为现代人健身静心的一种方式。尤其是当瑜伽遇上茶

---

① 由于上述文字尚未正式出版，为确保学术的严谨性，笔者特意致信周濂老师，请教如何标注出处，商榷可以直接写明"转自周濂朋友圈（2018 年 9 月 1 日）"。

所化合出的生活方式，因其良好的健身修心功效，为无数拥趸者所倾慕。元代医学家朱震亨说："气血冲和，万病不生，一有怫郁，诸病生焉。故人身诸病，多生于郁。"（《丹溪心法》卷3《六郁》、《内经》）外邪侵袭、情志失和等，都是气血失和的重要因子，"瑜伽茶道"、"茶熏瑜伽"、"茶韵瑜伽"等正是在习练瑜伽体式的同时，以茶安神静心、识心度心，以至"心止一处"。正如2012年海峡两岸茶艺大赛安徽赛区冠军得主姚栖谛女士所言："各种形态的瑜伽体式其实都是一种身与心在联结、在对话、在倾听的过程；而泡茶亦是如此，从一张席的色彩、器具布置到带着感激与珍惜之心进入：放松、觉知、掀碗盖、提壶、注水、盖盖子、候时、出汤、匀汤、闻香、品茗，每一个动作轻柔而专注。这一系列的动作，人与器皿的联结，茶与心的对话，难道这些不是瑜伽吗？"[1]瑜伽体位伸展是茶韵瑜伽中的无形语言，品茶洗心、调息培神。茶韵瑜伽，实现了儒学的"内在超越"与佛学禅寂之美的有机结合，也彰显了中华茶道的圆融与温润，故而生发了"茶山居士贪禅寂"之美谈。

急躁之心尘，散落于生活日常；面对尘嚣，在一杯茶的光阴里，保持适时的"离场"，实乃生活的智慧。作家李国文对旅游之法曾做如下感慨："在走累了的时候，找一个喝茶的地方，坐下来，这才是极惬意的赏心乐事。与其被导游领着，像一群傻羊似的鱼贯而入，像一群呆鸡似的立聆讲解，像一群托儿所娃娃仿佛得到大满足似的雀跃而去，这样游法，任凭是瑶琳仙境，也索然无味……在茶水升腾起来的氤氲里，关注天空里那白云苍狗的变幻"[2]。茶境中的"无躁"消解着旅途中的乱象，

---

① 《当瑜伽碰上茶》，《安徽商报》2015年6月4日。

② 李国文：《文夫与茶》，转引自马明博、肖瑶选编：《我的茶——文化名家话茶缘》，中国青年出版社2012年版，第100—101页。

"离场"处、举盏间，茶者泰然面对尘嚣，化解心中郁积。

2. 洗罢见本心

茶，被英国著名社会人类学家、剑桥大学社会人类学教授、英国学术院和欧洲研究院的两院院士艾伦·麦克法兰视为"绿色黄金"，谈及东业的茶，他在与其母亲的合著《绿色黄金》一书中曾做如下论断："中国人家居式、安静的生活和习惯要归功于他们持续地饮用这种饮料，因为这种轻啜的淡茶使得他们所有的时间选择待在茶桌旁。"[1]在茶艺师的世界里，"给我一平方见尺，还你一千年"。历经"唐煮宋点明沏泡"，时至今日，从历史中走来的中华茶道，穿越千年，正在砥砺当今茶人、学界走上复兴茶文化、建构茶道哲学的征程。

啜一口清茶，观茶叶沉浮，在人与茶的互动中细思量，品者与茶之间，是一种关系情境的建构，用明代大儒王阳明的话来说，它需要主体性的挺立和本心的彰显；用马克思主义哲学的术语来讲，品茗活动，是主体客体化和客体主体化之双向互动的过程。我们在此提出"心境"这一概念，意指品者与茶之间的关系情境：茶是品者心性的客体化投射，品者是茶之性格和德性的主体化化身，真可谓茶中见人，人心映茶。根据本书的问题意识，这里主要从品茗的心境之清（茶的客体化投射）和"性俭至洁"（品者的主体化化身）两个方面来谈。

心境之清，即"心清可品茶"。诚如"最宜精行俭德之人"所表达

---

① [英]艾瑞丝·麦克法兰、艾伦·麦克法兰：《绿色黄金》，杨淑玲、沈桂凤译，汕头大学出版社2006年版，第105页。

的意蕴，我们可以说，"茶为饮，最宜境清之人"。很难希冀一位心事重重、愁眉苦脸、心急气躁之人，能够品出茶之芳香。鲁迅先生在《喝茶》一文中说："有好茶喝，会喝好茶，是一种'清福'，不过要享这'清福'，首先就须有工夫，其次是练习出来的特别的感觉。由这一极琐屑的经验，我想，假使是一个使用筋力的工人，在喉干欲裂的时候，那么，即使给他龙井芽茶，珠兰窨片，恐怕他喝起来也未必觉得和热水有什么大区别罢"。对于鲁迅《喝茶》一文的解读，见仁见智，多有从鲁迅的愤世嫉俗秉性出发，认为鲁迅先生是一位不善喝茶的人，更是一个静不下心来"享清福"的人。窃以为，鲁迅先生正是因深谙茶道[①]，所以才作出了上述有关喝茶之"痛觉"的分析。先生在此意在表明人在清净闲适之时饮茶，才能品出茶的好味道来，否则，忙碌匆忙之际，再好的味道也会"不知不觉滑过去，像喝粗茶一样"[②]。鲁迅先生的"清福"是指向"品茗"之说，而非单纯的"饮茶"之举。

中华茶道自唐代始兴起，历经宋明时期的繁盛，以及20世纪80年代的复兴，时至今日，涌现出了一批茶文化、茶学以及茶道研究的专家学者。就大陆学者而言，不论是已故的茶学专家庄晚芳教授所提出的"廉、美、和、敬"，还是茶寿之年仙逝的茶学泰斗张天福先生提出的"俭、清、和、静"，林治先生提出的"和、静、怡、真"，陈文华先生的"和、静、雅"，抑或是国内茶道哲学研究的先行者李萍教授提出的"闲、隐、乐"，上述专家学者对中国茶道精神的概括，其共同点是都凸显了对品茗过程中心境之清的要求，这也体现了践行茶道精神时的"人

---

① 比如，鲁迅先生说："喝好茶，是要用盖碗的，于是用盖碗。果然，泡了之后，色清而味甘，微香而小苦，确是好茶叶。"寥寥数语，就极其精炼地概括了好茶之特点。

② 艾敏编著：《素手调水·茶艺茶道》，电子工业出版社2015年版，第31页。

之敬"。

大益八式之第一式"洗尘"对于茶者入座的动作流程规定及要求也体现了心境之清的底色：首先，茶者需缓步、匀速前行，至茶席左侧边缘停步；其次，向左转身，若有宾客在座，则向宾客双手合十行礼；要求转身时动作优雅，站姿端正，行礼时面部表情恬静自然；向右挪动一步，以盘腿坐或者跪坐方式，坐于地席之上；要求挪步优雅，落座无声，坐姿端正，面带微笑。① 上述动作流程规定及要求，实质是对茶者内心的观照；在备茶过程中，茶者通过与"茶境"② 的调试、对宾客的礼敬，从而"成就自性的伸张"③。

除了品茗心境之清外，"性俭至洁"也是茶事生活中正心修身之价值的重要表现方面。"茶之为用，味至寒，为饮，最宜精行俭德之人"，这是茶圣陆羽在《茶经》中的经典论述，也被后人视为茶德之滥觞。当然，对于"最宜精行俭德之人"可能会有不同的理解，从茶的"即物性"特点出发，我们认为，"精行俭德"既有对茶本身特性的描述，也有对饮茶者亲近茶应有的心境要求，更有对品饮过程中饮者间互动的强调。陆羽在此所要表达的不是饮茶可以使人自动获得"精行俭德"，相反，而是那些原本就葆有"精行俭德"之人，更适合饮茶，系饮者之品性投射到茶这一实物上，茶的德行是人的德性之外显。④ 这反映了我国唐朝

———————————

① 参见吴远之：《大益八式：中国茶道研修方法》，中国书店 2014 年版，第 126 页。

② 指茶道活动的环境，基本上包括三类：天然存在的自然环境、人工环境和专设环境（即专门用来从事茶道活动的茶室）。丁以寿、关剑平、章传政编著：《中国茶道》，安徽教育出版社 2011 年版，第 16—17 页。

③ 李萍：《中国文化传统与茶道四境说》，《北京科技大学学报》2015 年第 5 期。

④ 李萍：《论中国茶道对儒学生命观的扬弃》，姚新中主编：《哲学家 2015—2016》，人民出版社 2016 年版，第 275 页。

时期对于茶道的朴素概括。

其实，不仅仅是饮茶，跟茶有关的其他茶事活动也浸染着俭德。茶室建筑就是如此。国内学者秦红岭教授视俭德为中国茶室建筑美德之一。所谓建筑美德是基于古希腊亚里士多德"美德"[1] 概念提出的，即"一种物化形态的美德，它是一种通过建造活动展现出来的人为自己造福的重要实现方式，也是人利用人造物来满足生命需求、追求更好生活的外在表征"，"是一种使建筑给使用者带来幸福的，并使其能够出色发挥功能的品质或秉性"[2]。我们认为，中国茶室建筑设计中的俭德诉求，是满足饮者生命需求、心灵怡悦的外在表征。我国当代著名建筑家、同济大学教授冯纪忠设计的竹构草盖茶室——上海何陋轩，就是显现"俭德"的典型案例 [3]。冯先生秉承"建筑的核心不是装饰，不是样式，而是空间"的设计理念，着眼于茶室既"旷"且"奥"的性情品格，完成了"中国性"建筑的第一次原型实验，该茶室因其自身的清旷（"旷"）和幽僻（"奥"）[4]，获得了俭德之精神性与超越性的极佳再现，给身处其中的饮者带去了怡景怡情的心灵感受，出色地发挥了茶室原本具有的功能。试想一下，徜徉于松江方塔园内，落座于四周通透的何陋轩，在竹子与茅草之间，茶香氤氲，这是何等的至俭高洁之境界！可谓是现代茶室建筑对古代"尚俭"之茶德的传承。

---

① 美德，其对应的希腊文是 arete，国内有译为"德性"或者"卓越"。

② 秦红岭：《论建筑美德》，《伦理学研究》2013 年第 4 期。

③ 此案例源于我国建筑伦理专家秦红岭教授在中国人民大学茶道哲学研究所举办的哲学家茶座第七讲"寄情山水之间——茶室空间设计与审美"的讲座内容启发，在此深表感谢。

④ 参见《新观察》第 7 辑《"何陋轩论"笔谈》，作者王澍。《城市　空间　设计》杂志"建筑批评专栏"2010 年第 5 期，史建主持。

3. 尘落入澄明

对澄明之境的诉求，这是与儒学精神非常契合的。从某种意义上来说，宋明理学之所以被称为新儒学，就在于理学家们对本体的孜孜澄明上。理学家们批评先儒"知人而不知天"，决意开创出本体的新局面。由二程"体贴"出来的天理，在朱熹那里发展到了极致，以致具有丰富内涵的人生践履活动也被"理"逻辑化，人生价值标准也完全外在化。明代以降，陆王心本论的建构，尤其是阳明心学体系，使得本体在实践中得以澄明。① 我们研究中华茶文化、建构茶道哲学体系，正是基于让哲学回归生活世界之价值诉求，力图通过对中华茶道世界的感触，以此在、共在等不同的方式，观照生活于其中的、与人内在统一的茶文化，以期达致澄明之境。

一叶知清色。"人为空中云，心得自由境"，洗尘后的澄明之境，体现于茶之清的底色。"趣言能适意，茶品可清心"，"人品即茶品，品茶即品人；心清如泉清，清泉如清心"。上述两则回文茶联，不论是品茶之清心的境界追求，还是心清可品茶的条件设定，抑或是清泉清心的互相比拟，都突出了"清"字在茶事活动中的价值意向投射，正所谓"澡吾根器"之涤虑，"释躁平矜"之爽神，"导吾杳冥"之高远。② 具体而言，我们认为，

---

① 参见宁新昌：《本体在实践中澄明——读丁为祥的〈实践与超越〉》，《渭南师专学报》1995 年第 3 期。

② 明代诗人杜濬在《茶喜》中论及茶之特性时说："夫予论茶四妙：曰湛、曰幽、曰灵、曰远。用以澡吾根器、美吾智慧、改吾闻见、导吾杳冥。"清代诗人袁枚在《随园食单·茶酒单·武夷茶》中谈及茶之功效："一杯之后，再试一二杯，令人释躁平矜，怡情悦性"。参见丁以寿、关剑平、章传政编著：《中国茶道》，安徽教育出版社 2011 年版，第 3 页。

茶之清，即洗尘后的澄明之境主要体现在境清、器净等方面。

其一，境清，这里主要就茶事活动环境而言，包括品茗环境之清、品茗空间之净等，它涉及对茶室选址的考量以及茶室空间的设计。在中国传统文化的语境下，不论是茶道美学的角度，还是茶道心理学的角度，抑或是茶道哲学的角度，一般认为，上等茶室的选址是需要寄情山水之间的。茶是山与水的灵气所通，茶室是得益于天地的钟灵毓秀。在如此宜茶之境中，一间茶室，一缕茶烟，一份恬淡，可谓是对"三才者，天地人"的很好诠释。

"碧山深处绝尘埃，面面轩窗对水开。谷雨乍过茶事好，鼎汤初沸有朋来。"文徵明素有茶痴之称，上述茶事题材的绘画及题图上的诗文，透露了作者对饮茶环境之清的追求，可谓是碧山与绿水的交相辉映：一片清心在杯中，谷雨乍过茶事好，品茗会客正当时。

> 高人惠我岭南茶，烂赏飞花雪没车。
> 玉屑三瓯烹嫩蕊，青旗一叶碾新芽。
> 顿令衰叟诗魂爽，便觉红尘客梦赊。
> 两腋清风生坐榻，幽欢远胜泛流霞。

耶律楚材，性嗜茶。上述茶诗《西域从王君玉乞茶》是他从军西征期间向友人乞茶后所写，并自注：是日做茶会值雪。可谓是雪天茶会，茶清境清，清兴无限。①

---

① 参见丁以寿、关剑平、章传政编著：《中国茶道》，安徽教育出版社 2011 年版，第 47 页。

其二，器净。中华茶道兼具天道自然和人道有为之特点。这也是我们中华茶道较之日本茶道的独特之处。天道与"物"相关，属于"当然"之道。而人道则与"事"相接，是寻求"当为"之道。翻阅中国古代的茶文献，从唐代开始，一直到明代之前，所有的茶文献里面讲品茶、讲茶道的时候，都是在揭示人与物的关系，比如讲什么时候采茶，什么时候制茶，怎么样造茶，用什么样的茶器泡茶，完全按照茶的自然属性，让茶呈现出最好的东西。[1] 这就是中国茶道之天道自然的表征。宋代词人秦观曾对茶做如下赞誉："茶实嘉木英，其香乃天育。芳不愧杜蘅，清堪掩椒菊"。欲想泡得好茶，品得茶香，"韵味育香"，还要涉及茶器的讲究了，因为"器具精洁，茶愈为之生色"。

"洁性不可污，为饮涤尘烦；此物信灵味，本自出山原"。作为集天地之灵气的嫩芽，茶是空灵的净物，也象征着尘世的纯洁。从最初的采摘到最后的冲泡和品饮，需要最清洁的手法，油腻的手或油腻的杯，稍有一点不洁净便足以轻易把喝茶的雅致破坏无余。[2] 所以，洁净的器具无疑是其标配。"鼎器手自洁"，"泉甘器洁天色好，坐中拣择客亦佳"，朱权《茶谱》"茶架"条也表达了对于茶器的干净之追求："予制以斑竹、紫竹，最清"[3]。

"水为茶之母，器为茶之父"。茶的种类[4]繁多，且各自具有不同的

---

[1]　参见林美茂、全定旺：《"品茗"的审美属性与中国茶道的本质》，《哲学动态》2018 年第 8 期。

[2]　参见林语堂：《谈茶与友谊》，转引自马明博、肖瑶选编：《我的茶——文化名家话茶缘》，中国青年出版社 2012 年版，第 219 页。

[3]　丁以寿、关剑平、章传政编著：《中国茶道》，安徽教育出版社 2011 年版，第 28 页。

[4]　茶的分类方式有多种，从制作方法、产地、发酵程度、季节、生长环境等角度各有不同的分类。

性格特色，因此，茶器的选择也要讲究"宜茶"之原则。从发酵程度上讲，绿茶（green tea）属于不发酵茶，因而茶汤的色泽饱有鲜茶叶的绿色格调。为了匹配其"清汤绿叶"的质素美，故而一般采用玻璃杯冲泡，绿茶茶艺程序之"冰心去浊尘"——净杯步骤，就是要求用沸水再次洗涤干净的玻璃杯，确保其冰清玉洁。[①]

就紫砂壶而言，器净不仅仅是要求壶身的洁净，还有"养"的底色在里面。"养壶"，在宜兴当地又被称为"盘壶"。养壶的过程，就是涵养心性的过程。养壶有"内养"与"外养"之说，所谓"内养"，主要是基于紫砂的特殊气孔结构，使其吸收茶汤，久而久之，"韵味育香"[②]；所谓"外养"，就是用茶汤淋壶，使壶身温润。明代周高起在《阳羡茗壶系》中说："壶入用久，涤拭日加，自发黯然之光，入手可鉴"。内养，茶韵十足，气定神闲，但见效慢；外养，壶身易亮，但多是虚光。故养壶追求内外兼修，以致"外类紫玉，内如碧云"。茶人把玩紫砂壶的过程，也是人与壶之关系建构的过程，在此过程中，紫砂品相的呈现，正是茶人心性修炼的投射，也是主体客体化、客体主体化的过程。

三、坦呈：彰显本心

"坦，安也。从土，旦声"（《说文解字》）；从"坦"字的象形意义

---

① 参见王舜之、孔庆东：《茶道》，吉林出版集团股份有限公司2016年版，第118页。
② 需要注意的是，为了保持茶香的纯正，一把紫砂壶通常只用来冲泡一种茶叶。

构造来看，金文（坦）由（土，地面）和（旦，敞亮）构成。"坦"的本义为地面平坦笔直、开阔敞亮，后来引申为坦诚、坦荡之义。较之于洗尘之"易简工夫"系沟通外在周遭，坦呈之彰显本心为茶者的内在状态开显，它是一个递进的修为过程，即在坦茶修心中，实现茶者内心深处的情感投射和意识升华，进而"以诚敬存之"，这在茶事活动中通常外化为对宾客的尊重和坦诚，以及茶人一体的"真实无妄"状态。

1. 坦茶显心

涵养心性，为中国儒学所固守。"人心惟危，道心惟微；惟精惟一，允执厥中"，被视为儒学乃至中国传统文化中著名的"十六字心传"。通过对儒学经典文献的爬梳，我们发现，孟子首先在心性修养的意义上对"心"做了系统论述。① 在孟子看来，"本心"其实就是人向道德的靠近，同时也是向自己挖掘潜力，即本心外显。宋明理学家们正是通过发掘孟子留下的思想资源，创立儒学新形态。宋明理学的集大成者——朱熹在消解二程"人心"与"道心"的紧张对立关系基础上，"一再教诲门人要'存天理，灭人欲'，让天理流行，使本心朗照，从而让人自身的生命从幽暗的滥欲中超入光明璀璨的理性世界"②。王阳明以"心即理"作为自己哲学的逻辑起点，在突出主体性价值的基础上，建构起了以"致良知"为路径选择的实践哲学和无限圆融的生命境界追求。在王阳明看

---

① 孟子说："恻隐之心，仁之端也；羞恶之心，义之端也；辞让之心，礼之端也；是非之心，智之端也。人之有是四端也，犹其有四体也。"（《孟子·公孙丑上》）孟子所提出的"四端"之心，具有先验的道德理性，它所提供的不仅仅是仁、义、礼、智四种道德价值，还可以发展出其他道德价值，可以说是众善之源，是一切道德价值的最终依据。

② 王一：《"以理制欲"还是"欲中见理"——谈理欲关系在宋明理学中的逻辑发展线索》，《教育时空》2014 年第 30 期。

来，人实现其内在超越，最重要的就是开显本心，使原本和最高之理相符合的、相一致的本心，以它自己原来的样子显现出来。①

何为开显本心？用阳明哲学的术语来讲，叫"致良知"。阳明说："良知者，心之本体，即前所谓恒照者也"②。同时，阳明认为，"盖良知只是一个天理自然明觉发见处"，也就是说，良知是善的根源，良知在，就能做到孝亲、悌兄、忠君等善行活动。此外，良知还是人类一切活动之是非判断的依据，"良知只是个是非之心，是非只是个好恶。只好恶，就尽了是非。只是非，就尽了万事万物"③。

更为可贵的是，王阳明基于中国传统哲学一贯的"内在超越性"品格，还极力为普通人成圣鼓与呼，从圣人、贤人和愚人三个维度分别论述了致良知的工夫："自然而致之者，圣人也；勉然而致之者，贤人也；自蔽自昧而不肯致之者，愚不肖者也。愚不肖者，虽其蔽昧之极，良知又未尝不存也。苟能致之，即与圣人无异矣。此良知所以为圣愚之同具，而人皆可以为尧舜者，以此也"④。这就为愚夫愚妇成圣提供了合理性的证明。"良知"具有先验的道德本性，圣人存之，愚夫愚妇皆有之。"愚不肖"之根源，在于先天具有的"良知"被私欲遮蔽了，去欲之后，"即与圣人无异"，"通过对成圣资格与条件的改变，王阳明不仅使成圣平民化了，而且激发了人们向善的热情，唤醒了人们成圣的信心"⑤。

---

① 参见董平：《澄清阳明心学研究中的三个问题》，《山东省社会主义学院学报》2017年第5期。

② 王阳明：《王阳明全集》卷3《答陆原静书》，中央编译出版社2014年版，第58页。

③ 王阳明：《王阳明全集》卷3《传习录下》，上海古籍出版社2011年版，第111页。

④ 王阳明：《王阳明全集》卷8《书魏师孟卷·文录五（下）》，上海古籍出版社2011年版，第280页。

⑤ 李承贵：《阳明心学的精神》，《哲学动态》2017年第4期。

金岳霖先生指出，传统儒学中最崇高的概念——道，涵摄"行道"、"修道"、"得道"等丰富的内容①，易言之，道不仅指形而上的抽象概念，也包含在地化的生活境遇内容。我们据此认为，即便是"愚夫愚妇"之列的普罗大众，只要善加寻求和悉心维护其"良知"，也都可达致道，茶道——道的生活化之境界就更是可能的了。"洗尘"、"坦呈"就是便捷的法门：在茶道的世界里，洗尘之前，人蒙着心尘接触外在周遭；待尘落入澄明，个体心性伸张，渐入坦茶显心之佳境，将茶事活动意向化为情感投射和意识升华，于诸如坦茶之形下日常中观照心之本体，在"良知的发用流行"中实现茶者的"内在超越"。

在此不妨以"三才碗"——盖碗为例来看坦茶显心的精神意蕴。从泡茶的器具来看，盖碗的设计本身就体现了"三才"②思想。"形而上者谓之道，形而下者谓之器。"（《易经》）盖碗是由盖、碗、托组成的茶具，据传源起于唐朝。③整体的演变过程是先有碗身，然后才有碗托和碗盖。盖在碗上面，叫作"天"；托在碗下面，叫作"地"；碗身居于中间，叫作"人"。这样一副茶具的设计，所折射的是古代哲人"天盖之，地载之，人育之"的思想。④盖碗茶，曾被学者誉为"以简驭繁的时尚之饮"，

---

① 金岳霖：《论道》，中国人民大学出版社2010年版，"绪论"第17页。

② "三才者，天地人。"（《三字经》）

③ 相传碗托最早为唐西州节度使崔宁的女儿所发明。唐人《资暇录》卷下《茶托子》条载："建中蜀相崔宁之女以茶杯无衬，病其炙指，取楪子承之，既啜而杯倾，乃以蜡环楪子之央，其杯遂定……人人为便，用于代。是后传者更环其底，愈新其制，以至百状焉。"崔宁之女卧榻而饮，以汤碗炙指乃嘱侍女以蜡作圈，将茶碗固于盘中，再逐渐演进为瓷碗托。宋代茶具，因趋向小型而盛行茶盏，使用茶托子更为普遍。到清代已制出带有盖和托子的茶碗。傅春宜：《论盖碗茶的品饮美学与应用——以简驭繁的时尚之饮》，《2004茶与艺国际学术研讨会论文集》，http://cart.ntua.edu.tw/upload/st/200412/200412B08.pdf。

④ 王舜之、孔庆东：《茶道》，吉林出版集团股份有限公司2016年版，第79页。

其含蓄、淡泊、留白的水墨质素品性，体现了一盏文明的用情："有别于'工夫茶'追求极致的浓香稠韵，盖碗径走淡泊自然茶风，是另一席幅员辽阔的天地。选择和洵、清朗、开阔、淡雅的方向呈现茶味，经由盖碗来调沏，是一种极愉快的经验。久之心智得以清明，更识得茶中含蓄的真滋味"[1]。茶中见人，握杯在手，于一盏文明中彰显祛蔽后的澄明，调沏坦茶间，一碗见本心。

进言之，所"开显"出的本心有何用呢？宋明理学是古代中国传统哲学之突出代表，关于心之用，宋明道学家们也留给世人诸多精到的论述。二程借鉴《中庸》里的"已发"、"未发"之说，从体用两个方面，提出了"心体用说"。"心一也，有指体而言者，寂然不动是也；有指用而言者，感而遂通天下之故是也。唯观其所见如何耳"[2]。"寂然不动"者，是本心的"未发"状态，是"心"之"体"；"感而遂通天下"者，是本心的"已发"状态，是"心"之"用"。

在茶与人构建出来的生活世界里，"茶亲"一词，可谓是"感而遂通天下"的现实化表征。每年的春茶季，在江南的茶农家里，会迎来全国乃至世界各地的爱茶人前来住宿，以期品尝最新鲜的好茶，捕捉一盏好茶背后的制作密码。他们与当地茶农同劳作、共甘苦，因此被当地茶农称为"茶亲"。寻茶人与茶农因茶结缘、相识，茶促成人们形塑起亲人般的情感。在寻茶人看来，与茶农一起体验事茶活动的过程，不仅是身体上的劳作，更是一次心灵上的相约。

---

[1] 傅春宜：《论盖碗茶的品饮美学与应用——以简驭繁的时尚之饮》，《2004 茶与艺国际学术研讨会论文集》，http://cart.ntua.edu.tw/upload/st/200412/200412B08.pdf。

[2] 程颢、程颐：《二程集》卷 1《河南程式粹言·论道篇》，中华书局 1981 年版，第 1183 页。

因茶结缘的这份特殊情谊，是拟血缘关系的建构，它兼含朋友之间的友谊、亲人之间的关爱；真正的茶亲们（茶农和茶客之间）可以构成道德关联者，道德关联使他们产生彼此的关切，它不会因时间久远而忘却、因距离疏远而淡漠，反而，在斗转星移中，会在内心生发出对彼此深深的牵挂。因此，这份拟血缘关系建构出来的感情，对彼此的性情和人品都提出一些较高的要求：其一，作为当地茶农，必须具有一颗仁爱之心，在与茶亲相处中，能够做到居仁行义；其二，茶农与茶亲相互之间需要以真心相待。有"资深寻茶人"之称的胡锦明（深圳人），在易武有自己的茶叶初制所，与当地茶农有着十分密切的供需合作，但他心中的"茶亲"，非得怀揣敬畏之心、能够做到真心相待不可。"关系足够好、彼此的了解足够深，其实一个眼神就能说明很多问题。我与他之间互相都非常放心，这是超出供需关系之外的感情，我们在对方那里都有很高的信誉。"[①] 在谈及自身的茶亲体验时，胡锦明如是说。

在坦茶显心的诉求中，当代人可以借助"互联网+"，通过线上线下的方式，建立诸如"茶亲社区"等社交团体。这种团体既可以是寻茶人的自组织，为寻茶人亲近茶提供平台；也可以是茶农所建立的他组织，既可以给茶农提供经济效益，也可以增加茶亲之间心理情感上的关联度。例如，由杭州市委市政府、中国国际广播电台联合主办的"茶与爱"国际微电影大赛，首届自 2014 年"全民饮茶日"启动，完成于2015 年"全民饮茶日"。大赛吸引了五大洲近千人参与，收到来自 20个国家和地区的 45 部作品，参赛作品使用 12 种语言。在 2015 年"全

---

① 参见 http://www.jiemian.com/article/1568457.html。

民饮茶日"期间，来自 15 个国家和地区的 29 名获奖者受邀来杭州参加颁奖礼暨微电影节：体验茶文化，结成茶亲。①

2. 以诚待茶

诚是中国传统儒学一直以来关注的重要话题，也是中国儒学"内在超越"之特点的重要表征。"所谓诚其意者，毋自欺也。如恶恶臭，如好好色，此之谓自谦。故君子必慎其独也。小人闲居为不善，无所不至，见君子而后厌然，掩其不善，而著其善。人之视己，如见其肺肝然，则何益矣。此谓诚于中，形于外，故君子必慎其独也。曾子曰：'十目所视，十手所指，其严乎！'富润屋，德润身，心广体胖，故君子必诚其意"。这是《大学》中有关"诚意"的表述，它强调意念真诚，勿自欺，进而它还提出"慎独"对君子的重要性。

王阳明认为"《大学》之要，诚意而已矣"②。"阳明格竹"是中国传统哲学史上的著名案例，也是理解阳明心学的切入点。格竹失败，王阳明发现了程朱"格物致知"、"即物穷理"说的不足，他提出了一个严重的问题：我纵然格得外物之理来，反过来如何诚得我自家的意？③ 王阳明由此对程朱哲学做了批判性反思。王阳明认为，"格物"、"致知"、"正心"、"诚意"，其实是一个道德践履的过程，没有先后之分。质言之，所谓"诚意"，就是"良知"的自我建立过程，其实也就是把自己的"意"放到良

---

① 参见 http://esperanto.cri.cn/teokajamo2016c/。

② 王阳明：《王阳明全集》卷 32《大学古本原序》，中央编译出版社 2014 年版，第 1197 页。

③ 参见董平：《王阳明哲学的实践本质——以"知行合一"为中心》，《烟台大学学报》 2013 年第 1 期。

知面前去观照的反省过程，以此来完成自身的内在超越，回归真实的自我存在，这就是王阳明"真己"的生命境界，正所谓"若鄙人之所谓致知格物者，致吾心之良知于事事物物也。吾心之良知，即所谓天理也。致吾心良知之天理于事事物物，则事事物物皆得其理矣。致吾心之良知者，致知也；事事物物皆得其理者，格物也。是合心与理而为一者也"①。

在大益八式中，坦呈有两层含义："一是茶席与茶具的呈现、展示；二是待客之坦白、诚恳。茶具的陈列，主次分明，有条不紊；整齐和谐，井然有序；布局合理，优美自然。以这样严谨、认真的态度泡茶，表现了行茶者在内心深处对于茶、茶事和宾客的尊重与坦诚。所以坦呈不仅指展布茶席的动作，更指茶者内心真挚、坦然、诚恳的心理状态"②。坦呈一式，"代表着大益茶人对自然的思考，于灵魂的深省，更是大益茶人的内修品质"③。

以茶传情，用诚实之态度事茶，方可品到茶之芳香。

寒夜客来茶当酒，竹炉汤沸火初红；

寻常一样窗前月，才有梅花便不同。

寥寥数语，南宋诗人杜耒的《寒夜》一诗为我们描述了寒夜客人来访，以茶代酒，"沐浴着如酒、如月、如梅的茶香"，坦诚相待的别样雅致。

中国古代有"茶三酒四"之说。就茶侣人数的选择上，"饮茶以客少为贵，客众则喧，喧则雅趣乏矣。独啜曰神，二客曰胜，三四曰趣，

---

① 王阳明：《王阳明全集》卷2《传习录中》，上海古籍出版社 2011 年版，第 45 页。
② 吴远之：《大益八式：中国茶道研修方法》，中国书店 2014 年版，第 20 页。
③ 同上书，第 171 页。

五六曰泛，七八曰施"，这是明朝张源在《茶录》中提出的主张。今人将之作出发展，提出了独饮得神，对饮得趣，众饮得慧之说。[1]"德者，得也"（《四书集注·论语注》），我们认为，"独饮"、"对饮"、"众饮"，其共同点就是都突出一个"诚"字，强调"诚"而后有所"得"，这就具有了极强的伦理意蕴。所谓"对饮"，用"为爱清香频入座，欣同知己细谈心"这一茶联来描述再恰切不过了。一杯茶，承载了知己间的谈心之妙。温杯烫盏，诚意满满，对饮尽开颜。就"众饮"而言，正如"大碗茶广交九州宾客，老二分奉献一片丹心"这一茶联所传递出的一样，在各种茶会或者各式茶馆中，茶人间坦诚相待，可谓是"一碗见人情"。

"内得于己，谓与心所自得也"（《说文解字注》）。茶与饮者之间是一种关系建构，所谓"独饮得神"，用王阳明的话来讲，是对自己"本心"的观照、与自己的和解，正所谓"为饮涤尘烦"。著名文学家苏轼是位爱茶之人。在其一生宦海沉浮的命运中，苏轼始终与茶"穷通行止长相伴"。且看如下诗句：

> 活水还须活火烹，自临钓石取深清。
> 大瓢贮月归春瓮，小杓分江入夜瓶。
> 雪乳已翻煎处脚，松风忽作泻时声。
> 枯肠未易禁三碗，坐听荒城长短更。

上述诗句是苏轼被贬至儋州（今海南岛儋县）所作的《汲江煎茶》。全诗详细描述了作者汲水煮茶、品茶听更的全过程，也正是在如此经年

---

① 何国松编著：《茶道》，北京工业大学出版社 2011 年版，第 138 页。

过往的事茶活动中，苏轼屡遭贬谪的心情得以排解，修炼至"一蓑烟雨任平生"的豁达。

文徵明自谓"吾生不饮酒，亦自得茗醉"，在《是夜酌泉试宜兴吴大本所寄茶》诗中，他深夜思茶，用紫砂煎茶（"醉思雪乳不能眠，活火沙瓶夜自煎"），面对地炉残雪和破屋清风，他以茶仙卢仝自喻不慕权贵，茶唤梦醒，与自己和解，与地炉烹茶之"贫"和解，与破屋清风之"囧"和解，故而"莫道年来尘满腹，小窗寒梦已醒然"。哲学意义上的"和解"，需要当事人锻炼出在生命的迷宫里仰望星辰的能力，用浪漫的理想和不竭的激情去完成灵性的赋予。不妨独饮一杯茶吧，观茶叶沉浮，悟世间百态，正所谓"人生如茶，沉浮酿芳华"。在缕缕茶烟中与自己和解，在慢生活中，品味"茶烟一榻拥书眠"之境界。

纵观个体的一生，始终与各种各样的欲望相伴。对欲望的追寻本身并没有错，从某种意义上，正是这种欲望推动了社会的向前发展；关键是要在世俗生活中把握好自我，使自身的各种追求符合"适度"的原则，否则，可能使生命不堪重负以至最终崩溃。

哲学是生命的，它不只是逻辑和理性的赤身肉搏，也是二程笔下"鸢飞鱼跃"式的人我圆融，是梁漱溟笔下"活泼泼的感通"。综上所述，从价值层面来看，不论是"独饮"，还是"对饮"、"众饮"，都是在"诚"所建构的精神世界中，安放身处日常生活世界的普通中国人的精神家园和人生信仰。在不完美的世界里寻求美感、在紧张的生活中寻求放松，这就是我们所推崇的茶道修行。①

---

① 参见李萍：《考察归来话茶道——2018 年暑期贵州茶俗茶文化考察心得》，http://www.teaismphi.cn/School/Talking/881.html。

3. 茶中有真

清代陈元辅在《枕山楼茶略》中说："烹茶之法，与阴阳五行之理相符，非智心文人，恐体认不真，未免隔靴搔痒。望见人多以烹茗一事付之童仆，未免粗疏草率，致茶之真气全消。在我莫尝其滋味，吾愿同志者，勿吝一举手之劳，以收其美。"① 关于烹茗之法，陈元辅认为，时人将其"付之童仆"为隔靴搔痒，这是从人的主体性角度谈及"茶之真气"。从这里我们可以看出，在茶的世界里，"真"被古人提升到了哲学的高度，从主（人）客（茶）关系来探讨之，这就涉及中国传统儒学中的修悟问题，即悟得本心、修悟本心，或者用北宋大儒二程兄弟的术语叫作"体贴"本心。

修悟理念，在中国传统儒学中源远流长，比如"修己以敬"（《论语·宪问》）、"正心修身"、"修身齐家"（《大学》），说的是"修"的价值追求；"回也闻一以知十，赐也闻一以知二"（《论语·公冶长》），"百姓日用而不知"（《周易·系辞传》），则强调的是一种"悟"的体验。作为修养工夫，修悟是相即的，是主体"脱然自有贯通处"② 的心智跳跃、义理通彻。阳明心学的发用和流行，使得修悟问题在明中后期成为一个时代性问题。阳明学盛谈良知本体，言"悟"之说极为流行，竞相高标，流弊渐生，"东林先生"顾宪成起而矫之：他保留了阳明学言"悟"的合理性，提倡修悟相即，又突出了修的在先性和一贯性，认为悟前须修，悟后也不能不修。③

---

① 朱自振、沈冬梅、增勤编著：《中国古代茶书集成》，上海文化出版社2010年版，第824页。

② 朱熹：《四书章句集注》，中华书局1983年版，第7页。

③ 参见李可心：《儒家修、悟、证三境界说——以顾宪成为主要考察点》，《武汉科技大学学报》2018年第1期。

从修悟本心的层面做一观照，我们认为，茶之真超越了真茶、真器、真物（如插花：用鲜花代替塑料制品；音乐：用古琴等代替唱片；植物：要用真实盆景等）等"物真"的意义，以及真心（反对虚情假意）、真性（追求天真无邪等）、真情等"人真"的意义。总之，它超越了茶的物质存在意义，超越了人与茶之间的主客对立，超越了人与茶辨别的观照状态。质言之，它是一种茶人如一的双向对象化状态，是茶与人浑然一体的真实无妄、茶与人两者皆忘的至高追求；在现实日常中，它又外化为人与人关系的礼仪做法、品行、择友等交互性层面，这就有望达到以"茶"问道、以"茶"悟道、以"茶"载道、以"茶"弘道的哲学高度。①

在中国古文献中，明代程用宾在《茶录》中谈到了"品真"的问题，视"品真"为"品茶"的第三个顺序②，意指对茶之真味的品鉴。他说："茶有真乎？曰有。为色、为香、为味，是本来之真也。抖擞精神，病魔敛迹，曰真香。清馥逼人，沁人肌髓，曰奇香。不生不熟，闻者不置，曰新香。恬澹自得，无臭可伦，曰清香。论干葩，则色如霜脸菱荷；论醑汤，则色如蕉盛新露，始终如一，虽久不渝，是为嘉耳。丹黄昏暗，均非可以言佳。甘润为至味，淡淡为常味，苦涩味斯下矣。乃茶中著料，盏中投果，譬如玉貌加脂，蛾眉试黛，翻为本色累也。"③ 他从色、香、

① 参见林美茂、全定旺：《"品茗"的审美属性与中国茶道的本质》，《哲学动态》2018 年第 8 期。

② 他把"品茶"依次细分为"投交"、"醑啜"、"品真"三个顺序。"投交"是从季节变化的角度来谈点茶时茶与水的先后关系问题，"醑啜"为分茶与品茶的时间把握与人数规定。

③ 朱自振、沈冬梅、增勤编著：《中国古代茶书集成》，上海文化出版社 2010 年版，第 313 页。

味三个层面对茶之真做了细腻的描述，不难看出，"品真"指涉了"我"与茶（物）如何相遇，"我"在这种相遇中如何追求"茶之真"的审美之境，在这种求真的追求中，人的主体性得到空前的强调。很显然，这里的"真"是自然本真，是"道法自然"的追求。①

现代学界不乏对茶之真的相关论述，如台湾著名茶学界人士吴振铎先生把茶道基本精神归结为"清、敬、怡、真"。关于"真"，他主要是从真理之真、真知之真等方面做论述的，认为饮茶的真谛，在于启发智慧与良知，以俭德行事等，这样的"真"，是把茶与人分开来谈，所追求的并非茶与人如一之境界。大益茶道将"守真益和"建构为一套修心法则，赋予"真"以心善意纯、真实自然之意，将"真"视为中国茶道的智慧本源，这样的建构，是接近茶人如一之双向对象化状态的可贵探索。

从儒学视域中的茶之真来反观形下的茶之周遭，我们认为，茶之真体现在以下几个方面：

在品茗种类的选择上，台湾茶文化界大家范增平先生（曾任"中华茶文化学会"创会理事长）的建议是最贵的茶不一定是最好的茶，惟有适合自己口味的茶，才是好茶。同样，秉持着"好茶身体会说话"的原则，为了不使茶与人之间出现违和感，台湾资深茶人罗际鸿先生建议体质偏寒的人，尤其是女性可以选择重发酵的各种熟茶。所谓好茶"遇强则强，遇弱则欺"，正是茶与人一体之"真实无妄"状态的写照。

在茶室的设计上，茶之真就要求最好的茶室一定是出自茶人之手，而非一般的专业建筑师。茶人构建茶室的过程，也是重现和表达

---

① 参见林美茂、全定旺：《"品茗"的审美属性与中国茶道的本质》，《哲学动态》2018年第8期。

茶人自身的生命体验的过程。正所谓"茶人是去造就茶室，而非受限于茶室"①。

在茶侣的选择上，茶之真要求超越个体的身份、地位、等级之别，以"众生"为茶侣，而不仅仅是"轩冕之徒，超然世外者"②。"茶代表着东方民主的真谛，因为不论原本贵贱高低，只要你是茶道信徒，就是品位上的贵族"③。

在茶的冲泡和品茗上，"如同艺术品，茶也需要一双大师的巧手，才能泡制出最高贵的质地"④。依据茶之真的诉求，不论是独饮，还是待客接人，若要品得好茗，则必然要"躬自执劳"，而非"付之童仆"式他人代劳。当然，这并非是在怀疑他人烹茗煮茶的能力，而是说，在我与茶所建构的当下关系情境里，亲力亲为者，则可以体认烹茶之法，进而有可能去感受到茶与人一体之境界。

喝茶养身"喉吻润"，品茶洗心"求放心"。现代性的发展在给人们带来极大的物质满足的同时，也不同程度地造成了许多人在精神准备不足的情况下被置于"失重"的危机之中，我们既要享受现代生活的各种便利，也要警觉现代性之弊。从心性论的角度观照茶之真，它是茶者与茶人对其最初推开那一扇茶门时的本心之体贴，是茶者、茶人修悟本心后的心智跳跃、义理通彻。也正因为此，它可能构成平衡现代性异化的重要因子，对于失重的现代人不失为"求放心"的重要支点。不过，需

---

① ［日］冈仓天心:《茶之书》，谷意译，山东画报出版社 2010 年版，第 77 页。
② 林美茂、全定旺:《"品茗"的审美属性与中国茶道的本质》，《哲学动态》2018 年第 8 期。
③ ［日］冈仓天心:《茶之书》，谷意译，山东画报出版社 2010 年版，第 5 页。
④ 同上书，第 23 页。

要指出的是，上述内容只是依据茶之真的要求，对形下的茶之周遭做了初步的"观照"，尚未达到体悟茶道之"真际"（冯友兰语）意义上的探索。当然，这也是茶道的"即物性"特点所致，我们将在后文中回答这个问题。

第二章

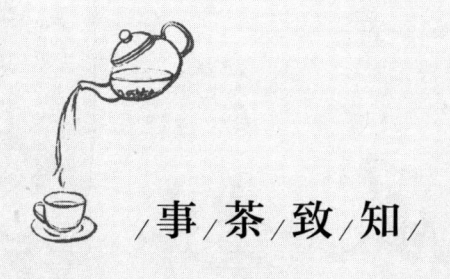

事/茶/致/知/

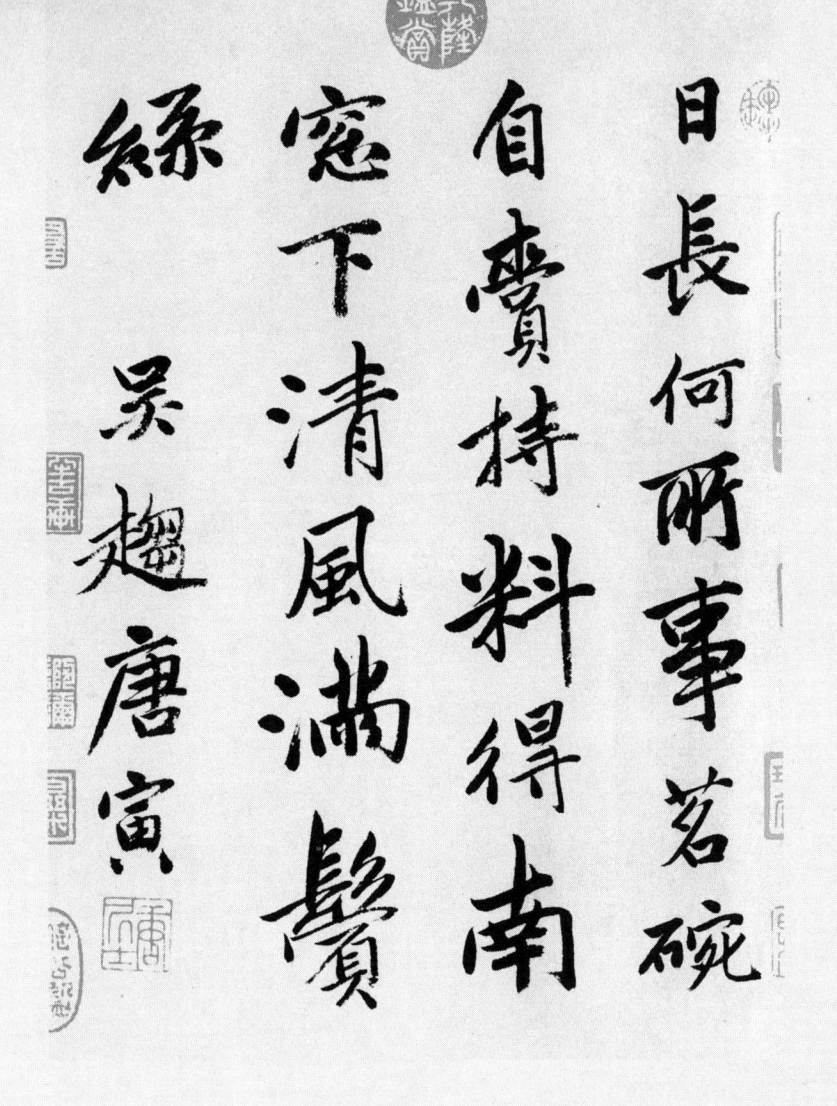

日長何所事茗碗

自賫持料得南

窗下清風滿鬢

綠　吳趨唐寅

明唐寅《事茗图》（局部）

本来只是自然之物的茶，在与人相遇之后，就进入了人的意义世界，为人所感知、经验、体悟，变成了一种文化存在。在人与茶的互动过程中，实际上，不仅是人开发了茶的人文属性与精神价值，而且依据儒学格物致知的理念和工夫，人还可以通过格茶来苏醒自己的心智，深化对自我与周遭世界的认识，并以自己的智识使内外得以勾连，使人我得以融通，进而通过茶事活动中的茶规、茶俗、茶礼等认知到对规矩的遵循、对法度的把控、对中庸的坚守，换句话说，通过茶事生活来认知内在的理，体悟其中的道。

一、茶道认知何以可能

　　任何一种成熟的哲学体系，都需要探究认识的方法与模式，儒家思想作为中国传统文化中的主流学说，对主体如何认识自我和周遭世界提出了极富见地的观点。当茶进入儒学的观照视野中，由于其独特的自然

品性、审美意向、精神属性等，使其成为了深化主体认知的有效载体。于茶事生活反复的实操修炼之中，主体可以以茶为媒不断深化自身的认知能力，增进自己的心智模式，这种"格茶"的工夫，正契合了儒学格物致知的认识理路。

1. 茶道认知：何谓与何为

人，作为"万物之灵长"，具有独特且强大的感知与认知能力，这是人类与其他生命或生物体的主要区别之一。然而，立于天地间的人，并非孤立的存在，而是作为社会、自然的一分子，与周遭世界发生着密切联系。人想要获得好的生活，求得一个不断完善的自身，需要具有深刻的思辨水平、卓越的认知能力。一方面人要认识自己，通过持续的自识、反思来辨识自己的个性潜能，明确自己的价值意义；另一方面人还须识得世间万物，努力洞悉其中的"理"；在此基础上，人还要将内与外、人与己相关联，明确个我在人伦社会、天地自然中的合宜位置，做到恰如其分、恰到好处。依儒学所见，这正是一种"极高明而道中庸"的完满境界。

在众多儒家学者看来，虽然人天生具有一定的认识能力，特别是具有发现、彰显善的本领，如孟子就将恻隐、羞恶、恭敬、是非作为人与生俱来的四端之心，认为它们是"不学而知"、"不虑而能"的。但是，具有某种能力与是否得到与此能力相匹配的结果是两码事，同样地，具有认识能力不等于就会自动获得了某种认识。因此想要得到深刻系统的认识，希冀提高自己的认识能力，都需要人自主地与外在世界发生联系，与世间万物打交道。

茶，以及与之相伴生的茶道，就是人们识得自我与周遭世界的极好媒介与载体。在这里，我们引用认知学理论来看茶道带给我们的认知模式与心智的提升。我们将茶道中所体现出的认识论，称之为茶道认知。

众所周知，认知学作为一门成形的理论产生于 20 世纪的四五十年代，它由哲学、心理学、语言学、人工智能、神经科学、人类学等有关学科交叉融合而成。认知学力图通过研究认识的发生和发展过程，来增进人的认识能力与心智水平。美国著名的认知学家 D.A. 诺尔曼指出，认知科学是心灵的科学、智能的科学，并且是关于知识及其应用的科学。他说，认知科学是对认知的探索，无论它是真实的或抽象的，是人的或是机器的，其目的在于了解智能、知识和行为的原理，以便更好地了解人的"心灵"，了解科学和学习，了解心灵的能力，并为发展智能系统和扩大人的能力而努力。[1]

茶道认知是指以茶道为载体发掘并增进自我的认识能力与心智模式，它以人们在品茗中所产生的咽苦、生津、回甘等生理体验为感官经验基础，以茶技、茶艺以及与之相伴的饮茶环境、茶具把玩等为艺术审美，以茶事、茶德、茶礼、茶俗等为伦理仪轨，在此基础上实现生命的体悟与本性的觉解，在静心品饮之中反思自身，静观万物，以茶为媒来认知自我和周遭世界，进而借茶来寄情，由茶来悟道，以茶来通理，在此过程中生成并提升自己的心智模式。

在认知学中，当前流行的一个理论叫作具身认知（embodied cognition）。具身认知认为认识过程并非是脱离身心之后与外界发生的完全抽象的符号加工活动，相反，它是与自身的物理属性、感官知觉、

---

[1]　参见张铁声：《从认知科学到认知学》，《晋阳学刊》1992 年第 2 期。

神经系统以及外界环境等紧密联系在一起的。还有学者指出，认知是大脑、身体和环境相互作用的产物，这几者交互作用，共同构成一个一体化的自组织的认知动力系统。茶道认知正契合了具身认知的观点，在前文中我们讲到中华茶道受儒学影响表现出一种即物性，茶道并非虚无玄远，而是不离茶性、关切人性，通过真实的品味、实在的感知来获得美妙的生命体验。因而茶道认知并非凭空无依的抽象思维游戏，而是通过茶这一具体之物，通过茶事生活这一贴近人伦日用的生活方式，将人们带入思辨的空间，从而获得深刻又实在的认知。有着具身性、即物性的茶道认知，与儒学的认知理论、认知模式、认识工夫颇为一致。儒学所讲的格物致知，正是意在通过对外在事物的体察穷究，将自身的情感和思维与外在情境统一起来，发现背后所蕴含的所以然之故与所当然之理，以获取智识。茶之性、茶之品，以及由茶而引发的茶事生活与茶道精神，使人们得以通过格茶来完成茶道认知活动，形成茶道认知模式。

通过茶道认知所带来的，不仅仅是对茶性的认知和品味，而且通过一系列的茶事活动以及与之伴随的艺术形式（如诗词、书画、曲艺、插花、熏香等），使饮茶变成一种美的享受，这一过程还将提升人们对美感的审读、鉴赏能力，更进一步，通过茶道认知，人们于茗饮中洞悉到茶道背后的"理"，获得精神上的升华，将自我的身与心都合理地安顿下来，并与周遭世界形成恰当得宜的联系。

值得一提的是，国内的大益集团是茶道认知学说的先行者。大益集团于2010年成立了大益茶道院，以茶道认知学方面的内容为基础，专设了茶道学研究部，联合国内多所知名高校展开茶道认知的专业性研究。大益集团董事长吴远之先生就对茶道认知作出了专业性的界定，他认为茶道认知是从茶道出发，探讨人类认识的真理标准、基础、本质、结构、发生与发展过程以及认识与客观实在的关系等问题的认知学理论，最后由茶入道，建立一个健康完美的茶道心智体系，来认识自我，探求真理。针对茶道认知的问题探讨，大益集团做了许多颇有意趣的理论研究项目。例如，大益集团与北京大学心理学系合作展开了"喝茶能否提升发散性创造活动的表现"的专题研究，通过专业性的测试与实验，指出饮茶除了以往人们所熟知的清神醒脑，提升人的专注力之外，还会对人的记忆、思考、语言等产生影响，增强饮茶者的创新性思维，使人的大脑处在一种发散思维的状态，激发出人们的创造灵感与创新潜能，同时还通过茶与咖啡的实验比较，得出了茶在创新性思维上功效更强的结论。

2. 格茶的工夫

茶道认知意在通过茶事生活所关涉的感官体验、审美情趣、精神体悟等来增强人的认识能力，培育人的心智模式。依据儒学精神，茶道认知可以解释为一种格茶的工夫。格茶，是人将自己的情感、智识聚焦于茶中，通过对茶的体察穷究来连接内外，通达道体，当然，这里所讲的"格茶"，不仅仅是格自然之茶，更要格茶被人观照之后所展现出的理和道，即茶道中蕴含的伦理关怀与精神意义。通过格茶来获得认知源自儒学所讲的格物致知。格物致知是儒学认识论中最具特色也是最精华的内容，是儒学认识自我与周遭世界的密钥。

有关格物致知的表述，最早见于被列为儒学四书之首的《大学》中。《大学》开篇为世人提供了人生进阶修炼的次第顺序：格物、致知、诚意、正心、修身、齐家、治国、平天下。在儒学看来，人们只有从自己的本心本性出发，不断积习修炼，从己到家，从家到国，从国家到天下，一步步推而广之，才能成仁成圣，做到尽心知性知天，成就至大境界。在八条目中，格物、致知位列首要二目，可以看出其对人们立身世间、学以成人的原初性增进作用。对于格物致知这一儒门要义究竟该作何理解呢？众多儒门后进不厌其烦地对其进行疏证诠释，在林林总总的解说中，北宋硕儒程颐的讲法颇具代表性。他讲道："格犹穷也，物犹理也，犹曰穷其理而已也。穷其理，然后足以致之；不穷则不能致也。"（《二程遗书》卷25）程颐将"格"解释为"穷"，是穷究、究尽之意；"物"则解释为"理"，意在强调万事万物背后蕴含着恒定的、至上的理，因此"格物"就是"穷理"，即"穷尽道理"。"致"是"尽"或"推致"的意思，"知"是人们所认识的道理。简而言之，人们通过格物致知，穷究事物中的理以获得认识，达到知的状态。

依宋明理学家的观点，人类认识的终极指向是对"天理"的体证觉察。"天理"作为宋明理学的核心范畴，是至高的本体性理念。在二程（程颢、程颐）、朱熹等理学家看来，天地间一切事物皆有其理，理是事物生成、存有、运行的必行法则。所谓"凡眼前无非是物，物物皆有理"。虽然万物更有其性，有着自己存在的特异秉性，但万物之理的终极根源却殊途同归，终将归为"一个天理"。对于天理的存在状态，儒学提出了"理一分殊"的理论予以解释。"理一"指宇宙间只存在一个终极的天理，天理作为本体性存在具有唯一性；"分殊"则指这同一个天理贯穿、作用于各个具体事物时有着千差万别的呈现姿态。朱熹巧妙借用释家"一月普现一切水，一切水月一月摄"的讲法来解释"理一分殊"的道理。他讲到，"如月在天，只一而已；及散在江湖，则随处而见，不可谓月已分也"。（《朱子语类》卷94）月印万川，终究是一个月；理照万物，根本也是一个理。格物致知的认识工夫，正是旨在通过对众多外物持续、细心地考究体察，"今日格一件，明日又格一件"，积习既久然后豁然开朗、脱然贯通，领悟到万事万物之上的终极之理。

其实，儒家格物的范围是极为广大的。程颐说"一草一木皆有理，须是察"。在儒学思想家那里，格物并没有拘泥于特定的某事某物，而是有一个广大的范围，除了自然存在物，"读书讲明义理"、"论古今人物别其是非"、"应事接物而处其当"，等等，都属于格物的范围而能够使人致知。但是天地宇宙之间，万事万物繁若星河，人在有限的时间与能力中哪里能够将事事物物识得尽、格得完。朱熹就说道："物有多少，亦如何穷得尽？但到那贯通处，则才拈来便晓得，是为尽也"。(《朱子语类》卷60）由此可见，世间广大，万物繁多，人不可能格尽天下万物，因此格物是有选择、有讲究的，需从最紧要处、最关键处着手，以求"脱然贯通"、"一通百通"。这也正是我们论述事茶以致知、格茶以达道的合理性与可行性所在。

为什么格茶是致知达道的理想选择呢？这主要是由茶之自然本性，以及当茶与人相遇之后，被发掘、彰显出来的人文价值决定的。

首先，茶为世间灵物，天生韵高性洁，不与俗物并论，其优异秉性自然成为格物的首选。"茶者，南方之嘉木也"，"擅瓯闽之秀气，钟山川之灵禀"，其长于山野自然之间，受天地雨露滋润，自古以来就被认为是"百草之首，万木之花"，异于凡花众草。唐代诗人韦应物曾作《喜园中茶生》，以清幽静美的笔法，论说茶之品性：

洁性不可污，为饮涤尘烦。

此物信灵味，本自出山原。

聊因理郡馀，率尔植荒园。

喜随众草长，得与幽人言。

苏轼在《寄周安儒茶》中也写道，"大哉天宇内，植物知几族？灵品独标奇，迥超凡草木"，对茶之本性大加赞赏。茶的生长环境与自然品性，使人不自觉地与茶亲近，自然而然地通过"比德"将茶拟人化，以茶性喻人性，以茶品比人品，将茶所表征的品格意向视为儒家所追求的理想人格。苏轼所作奇文《叶嘉传》就属此中典型，他在文章中直接将茶拟人为"叶嘉"先生，文中讲叶嘉"少植节操"，"容貌如铁，资质刚劲"，"研味经史，志图挺立"，"风味恬淡，清白可爱，颇负其名，有济世之才"……苏轼托茶言志，活脱脱地将茶描绘成一位德才兼备的高士，这既是对茶性茶品的赞赏钟爱，也是对自己生活选择与人生志趣的生动写照。

当代茶文化学者在论及茶道精神时，也多以清、静、真、和等词汇来概括茶道对人之德性的陶冶升华。茶性纯洁自然，不受世俗的污浊纷扰，因此通过格茶之自然性，通过对茶性的接近、认识、感悟，可以从茶联系到人，连通到理，在自己的思维水平、心智模式不断跃升的过程中得以豁然贯通、一通百通，最终认知到天地间至高的理，这正是儒学格物致知的典型用功方式。

其次，除单纯地格作为自然存在物的茶之外，格茶的要义还在于通过发掘与认识人们于茗饮之中形成的茶文化、茶美学、茶哲学、茶生活方式，简言之，格茶之后的伦理观念和精神意向。茶与人相遇之后，饮茶不仅成为人的一种生理需求、生活方式、良美习俗；更在品饮中生成伦理、发现礼义、彰显道德。虽然宋明理学认为人之本心本性皆有认知能力，事事物物皆有其理，格物就是以此心去即物穷理，但其中所强调的物在现实社会实践中主要还是指人伦世事，格物也正是要体察、穷究人伦世事中的道理。

饮茶之风在数千年的传承演进之中，不仅从单纯的食用药疗上升为茶事茶艺，而且从中孕育出丰富的茶俗、茶礼、茶德，进而产生了形而上的茶道。一方面，人发现了茶，并通过对茶的人性附着与文化解读，使茶进入人的意义世界，如此一来，茶不仅仅是自然之物，而且具有了浓厚的人文意向。另一方面，茶道的出现也反过来使得人通过茶更好地认识并实现自我，因为品茶的主体说到底是人，茶事活动中蕴含的诸多审美意向、伦理规范、精神超越也正是因为人的在场、发掘、求索才得以形成，茶道作为包含多种人文形态的文化综合体，自然成为格物致知、体贴天理的理想对象。

二、苏醒：借茶知己知人

人，是具有复杂认知水平和深度思维能力的存在体，人的认识并非凭空而生，而是需要依赖实在生活中的感悟体会。茶以及与之相伴的茶事生活，为人们知己知人提供了绝佳的依凭。一方面，茶的清神益思，使人们在品饮之中明心见性，得以从浑浑噩噩中苏醒，更好地反观自身；另一方面，在与茶友茶伴把盏对饮的过程中，可以更好地观察、辨识他人的举止品性；更重要的是，在儒学文化所影响的茶道理念中，茶者通过人我共在的茶事活动，可以自在而通畅地关联起人与己、内与外，对如何在世俗生活中更好地安顿自我，如何恰当地把握彼此之间的伦理关系等，都具有特别的意义。

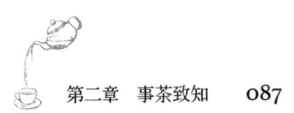

1. 借茶反观自身

要想成为有智慧、有涵养之人，首先需要做的就是自我认知，去理解、认识自己，这也早已成为古今中外哲人们的共识。相传在古希腊德尔菲神庙的门楣上镌刻着这样的神谕——"人啊！认识你自己。"两千多年前的古希腊哲人苏格拉底就将此作为自己毕生追求的哲学命题与人生信念。中国古语也讲"人贵有自知之明"，"知人者智，自知者明"。人生在世，需要对自身有一个清醒的认识与恰当的把握。

"我是谁？我从哪里来？我要到哪里去？"这一连串振聋发聩的自我呐喊、反观省思也成为最经典的哲学发问。在儒学看来，人首先要识得那个具有主体性、独立性的大我。孟子讲"万物皆备于我"，东汉经学家赵岐对此句解释道："物，事也。我，身也。普谓人为成人已往，皆备知天下万物。"依孟子所见，在我的内心之中，天生就蕴藏着无限的潜能，心、性、天是统一的，人须识得这个"大我"，识得自己的本心本性，并在后天的社会生活中将其不断地培育扩充。那么，茶是怎样助力于人去认识那个大我的呢？我们知道，反思是人的独特思维能力，这一对人或事回过头来的再审视，其实是带有强烈哲学意味的理性思考。一个人在投身于外部世界，奔波反复于种种外在活动之余，更是需要反观自身、反躬自省，认清自己的特质、需要、价值，以及与周遭世界的相处方式。

首先，反观自身需要极强的理性精神，茶恰恰就是让人获得理智、投入沉思的绝佳物品。茶之所以与理性相亲，首先在于其自然性状所引发的生理功效。茶中富含咖啡碱，能够使人在饮用之后促进中枢神经的兴奋，从而起到提神益智的功效。陆羽在《茶经·一之源》中讲"苦热渴、凝闷、脑疼、目涩、四肢烦、百节不舒，聊四五啜，与醍醐甘露抗衡也"，就详尽道出了饮茶的去寐涤烦之功。想要反观自我，需要高度集中的沉思、细致深入的剖析，才能够力透万般杂乱且变动不居的表象之后来把握本我。饮茶则为人们头脑的绝对清醒、深入精准的思辨提供了生理上的助力。唐人封演在《封氏闻见记》中就记载了茶因提神助思而与禅结缘："开元中，泰山灵岩寺有降魔师大兴禅教，学禅务于不寐，又不夕食，皆许其饮茶。人自怀挟，到处煮饮，从此转相仿效，遂成风俗。"① 在茶之生理功效的基础上，中华茶道表现出一种"理"的向度，即理性的沉思，使饮者于细呷慢啜之中享受沉思之乐，这也正与茶之清神去寐的自然功效相契合。

茶性清洁，茶境清幽，茶事清雅，茶道清醇，为主体理性的发轫、为反观自身的活动提供了绝佳条件。陈文华先生曾讲道："出自山原的茶叶，天然具备精清、浩洁、雅静的品性，微寒、味醇的特性，与一般烈性饮料大不相同，饮后会使人更为宁静、冷静、闲静。因为它对人类文明进程所发挥的作用，曾被誉'智慧的静穆'"② 。程启坤、姚国坤等学者就在这一意义上将"理"纳入中国茶德的范畴，讲到"品茶论理，理智和气；以茶理思，益智益脑"。相较生理层面的除乏解寐，主体自身的沉思属于更高层级的思维活动，也更能体现出人的本质属性与价值。亚里士多德曾明确指出，"思想的快乐高于感觉的快乐"，他将沉思视作最高的善，认为其具有内在的自足性。"幸福与沉思同在。越能够沉思的存在就越是幸福，不是因偶性，而是因沉思本身的性质。因

---

① 封演撰：《封氏闻见记校注》，赵贞信校注，中华书局 2005 年版，第 46 页。

② 陈文华主编：《中国茶道学》，江西教育出版社 2010 年版，第 45 页。

为，沉思本身就是荣耀的。所以，幸福就在于某种沉思。"① 对于饮茶所带来的理性之思，林语堂先生在《谈茶与友谊》一文中生动地讲道："茶有一种本性，能带我们到人生的沉思默想的境界里去。在婴孩啼哭的时候喝茶，或与高谈阔论的男女喝茶是和在阴天或雨天摘采茶叶一样的糟糕。"② 反观自身需要在静谧之时，处寂静之地，只有排除了外在干扰，才能够凸显本我。过分地忙碌于嘈杂烦冗的俗世生活，一味地投入于纷纷攘攘的利益纷争，我们是无法做到冷静而理性地自我反思的。茶，是人们进行反思活动的理想饮品；茶事活动，则为人们反观自身提供了理想的环境、程序、仪式，并在此过程中通过"格茶"生成了特有的认知、情思、心绪，使人们以茶自比、借茶喻理、人茶贯通，从而通达对自身的认识。

其次，依儒学所见，真正具有认识能力并使人们获得反思的器官，不是耳目，甚至也不是大脑，而是心。孟子讲："耳目之官不思，而蔽于物，物交物，则引之而已矣。心之官则思，思则得之，不思则不得也。此天之所与我者，先立乎其大者，则其小者不能夺也。此为大人而已矣。"（《孟子·告子上》）按照孟子的说法，具有思辨能力的不在耳目，而是心之官，耳目等感官是易被外物所蒙蔽的小体，而来自于心的思虑才是人之大体，并且如此大体是"天之所与我者"，是不待外求的一种天赋本能，可思之心彰显出人性的完满与自足。由"心之官"而生成的"大我"，自然具有天赋的认识能力，可以让人们识得自己的本心

---

① ［古希腊］亚里士多德：《尼各马可伦理学》，廖申白译注，商务印书馆 2003 年版，第 310 页。

② 林语堂：《谈茶与友谊》，转引自马明博、肖瑶选编：《我的茶——文化名家话茶缘》，中国青年出版社 2012 年版，第 218 页。

和本性。

明代儒者陈继儒在其有名的《小窗幽记》中，曾以醉饮中山之酒为喻，生动刻画出世人因种种外在欲望而迷失自我，醉酒酗醴的窘态。"醒食中山之酒，一醉千日，今之昏昏逐逐，无一日不醉。趋名者醉于朝，趋利者醉于野，豪者醉于声色车马。安得一服清凉散，人人解醒？"陈继儒呼唤一剂清凉散来涤荡昏寐，来破除现实人生的种种执迷贪念。茶，作为天地间之灵物，正是一剂绝佳的清凉散，使醉者能够于昏醉中醍醐灌顶，令贪者得以在迷执间归返息心。

茶，需要苏醒，也同时让饮茶人醒来，在中华茶道中，需要醒茶叶、醒茶具，更需要醒茶人。一方面，茶道中的苏醒是指在冲泡过程中温杯醒具。"这一程序可以使茶具的温度适当提升，使茶叶在茶具里面能更好地展现色、香、味、形，为泡出一壶好茶创造最佳环境。苏醒之前，茶具是冰凉的、干燥的；苏醒之后，茶具是温热的、湿润的"。[①]另一方面，苏醒不仅仅是茶器的温润复苏，更在这一过程中开启了饮茶者的心灵世界，让他（她）通过这个过程和仪式，"随一杯茶去苏醒一心，随一杯茶去自见真性"。在儒学理念中，苏醒的过程正是通过格物致知的修养工夫，来达到人的智苏与心醒，进而实现心智的圆融，实现心灵与智慧、情感与理性、内我与外界的和谐状态。

2. 借茶识得他者

人，不是孤立、无依附的存在物，而是生活在人世间、立足于宇宙中。从出生坠地之日起，人就成为了天地间的一分子，就极其自然地通

---

① 吴远之：《大益八式：中国茶道研修方法》，中国书店 2014 年版，第 22 页。

过自己的情感、智思、灵性与周遭世界发生着各种关联。因此，一个心智、德性趋于成熟之人，除了要向里用力、反观自身，以认识那个本我之外，还需要"开眼看世界"，与外在的人和事发生碰撞、建立关联，以自己的情思心智去体察周遭世界。

儒学历来重视知人识人，在《尚书·皋陶谟》中有"知人则哲，能官人"的讲法，认为能对他人进行准确的认识和判断是一种美德与智慧，并将辨识他人作为管理者必备的品质和能力，只有如此，方能领导别人。孔子将知人视为智慧的表现，《论语》中记载，当孔子的弟子樊迟问什么是智时，孔子简明扼要地回答道"知人"。在孔子看来，真正的智者要对他人具有全面深刻的认识，所以他强调"不患人之不己知，患不知人也"（《论语·学而》）。仁人君子无须担心别人不了解自己，更不会因别人对自己的不知不解而郁郁寡欢，所谓"人不知而不愠"。睿智之人对自身的本心本性有着清醒的辨识，对自己的想法追求有着笃定的坚守，不需要过多地在意他人的眼光和言语。朱熹曾经打了一个巧妙的比喻，他说道："譬如吃饭，乃是要得自家饱。我既在家中吃饭了，何必问外人知与不知。盖与人初不相干也。"[1]虽然君子可以就别人对自己的不甚了解不以为意，但在社会生活中，君子要对他人具有清晰的认识、深入的了解，能鉴察别人的品行与才能，做到明察秋毫，知人善任。在知人方面，儒家创始人孔子就具有高超的水准，他对自己众多学生的性格、能力、志趣、品行、优缺点等了如指掌，并针对每个学生的不同特性与需求来因材施教。在《列子·仲尼篇》中描写了一段孔子与他的弟子子夏的对话，足以反映出孔子慧眼识人之能。"子夏问孔子曰：

---

① 黎靖德编：《朱子语类》，王星贤点校，中华书局 1986 年版，第 453 页。

'颜回之为人奚若?'子曰:'回之仁贤于丘也。'曰:'子贡之为人奚若?'子曰:'赐之辩贤于丘也。'曰:'子路之为人奚若?'子曰:'由之勇贤于丘也。'曰:'子张之为人奚若?'子曰:'师之庄贤于丘也。'子夏避席而问曰:'然则四子者何为事夫子?'曰:'居!吾语汝。夫回能仁而不能反,赐能辩而不能讷,由能勇而不能怯,师能庄而不能同。兼四子之有以易吾,吾弗许也。此其所以事吾而不贰也。'"由上面的对话可以看出,颜回能仁却难反(反,狠心之意)、子贡(端木赐)的能辩与难讷、子路(仲由)的勇猛与难怯、子张(颛孙师)的庄重与难同(同,随和之意),孔子对自己弟子的这些优缺点一清二楚,充满了辩证而睿智的判断。

识人如此重要,茶又能为识得他者提供怎样的帮助呢?

首先,茶事活动为知人识人提供了理想的场域和情境。识得他人,首先要跟此人有亲密的互动、细致的交流、深入的了解,相对而坐,共饮佳茗,为彼此推心置腹、开诚相待营造了适宜的环境。喝茶贵在清雅,切忌嘈杂,明人张源在《茶录》中说得好:"饮茶以客少为贵,众则喧,喧则雅趣乏矣。独啜曰幽,二客曰胜,三四曰趣,五六曰泛,七八曰施。"烹茗煮茶,妙在两三好友,到了七八人以上,趣味难合,聒噪纷纷,难以觅得静雅,更难以在品饮中进行耐心深入的交流。

我们可以通过饮茶与喝酒的比较,来进一步洞悉茶事活动为识得他人提供的助力。茶与酒均是中华文明的瑰宝,二者都鲜明地表达着国人特有的生活方式与人生态度。但由于茶酒特质不同、品性殊异,它们带给人们的品饮体验,以及人们的交往感觉也是大不相同,因此茶酒之间的优劣高下也成为中国文化史上一桩争讼不休的公案。

在宋开宝年间一篇敦煌写本《茶酒论》当中，就巧妙地将茶与酒以人相拟，茶酒两人互论短长，争执不休。茶认为自己是"百草之首，万木之花。贵之聚蕊，重之摘芽。呼之茗草，号之作茶。贡王侯宅，奉帝王家，时新献人，一世荣华，自然尊贵，何用论夸"。酒则义正词严地反驳道，"自古至今，茶贱酒贵，单醪投河，三军告醉。帝王饮之，叫呼万岁。群臣饮之，赐卿无畏"。茶酒二人各执一端，莫衷一是，最后还是由水出面调解，才制止了茶酒二人"言词相毁，道西说东"。水认为无论是好茶还是好酒，都离不开好水，最后才得以"从今以后，切须和同，酒店发富，茶坊不穷。长为兄弟，须得始终"。

在笔者看来，茶与酒本无分高下，难较短长，二者殊途同归，共同指向悠远博大的华夏文明。然而，仔细斟酌和比较，我们确实可以发现酒之沉醉与茶之苏醒所表达出的异趣。"相逢意气为君饮，系马高楼垂柳边"，咸阳柳碧，新丰酒满，游侠对饮是何等快意恩仇！"李白斗酒诗百篇，长安市上酒家眠"，高力士脱靴，杨玉环捧盏，吟诗啸赋是何等放荡不羁！"亦欲清风生两腋，从教吹去月轮旁"，清茶一杯，静品遐思，夜啜晓吟是何等闲适超远！"不如仙山一啜好，泠然便欲乘风飞"，乳花雪沫，天趣悉备，慢饮细呷是何等韵高致静！从上面的茶酒诗词看得出，酒文化更多地体现出一种非理性的狂放，德国哲学家尼采就认为古希腊神话中的酒神代表着真实、破坏、疯狂、本能的精神气质，人们把酒共饮，可以获得酣畅淋漓的快意，但酒对人的大脑与精神的麻醉，却使得饮者难以安静而理性地认识彼此。不同于此，由品茶以及相应的茶事活动所带来的是茶友之间深沉的沟通，在此过程中，通过理性的沉思与冷静的观察，可以识得他者的特质与品性。远离世俗的喧嚣嘈杂，在幽玄静谧的环境中，一杯清茶可以使饮茶者默想熟思，保持头脑的睿智，增进对茶伴、茶侣的认识。现代新儒家的著名代表人物唐君毅先生，对茶酒之别曾有精妙的论断："中国之饮，酒外有茶，几二千年茶味隽永，清人神智，非酒所及"[①]。这也成为中国人在日常工作、会议谈判等活动中对茶钟爱有加的一个关键因素。总之，茶性的清神益思、茶境的淡雅天然、茶道的幽玄超远，为茶友之间的相互了解、彼此交心提供了理想的情境。

其次，茶性与人性、茶品与人品、茶德与人德其实都是相通的，在与他人一同品香啜茗、共叙茶话的过程中，可以通过观察人们在茶事活动中的仪态举止、谈吐表现、喜好憎恶等，来判断一个人的心智水平与品性气质。《颜氏家训》中说道："人之虚实真伪在乎心，无不见乎迹"，认为一个人的本质特征、真实想法存留于心，但却是有迹可循的，能够通过外在的仪态举止、行为活动等显现出来。诸葛亮在他有名的观人七法中提到"醉之以酒而观其性"，意在通过醉酒使人袒露本性，而在茶事活动之中，也可饮之以茶而识其人，通过观察一个人在茶事活动中的仪态、神色、状态、动作等，识得此人的特性品质。茶成乎天然，品性高洁，茗饮作为文人雅事，历来为名士高人所喜，而"非庸人孺子可得而知矣"，正所谓"柴门反关无俗客"。

爱喝茶、会喝茶的人，是带着雅兴和雅韵的，真正的茶人绝不附庸风雅，以天价的茶叶、昂贵的茶器到处炫耀之人，绝得不到饮茶的真味与真趣，与他们喝茶一次就可以看出他们的肤浅与空虚。宋徽宗在《大观茶论》中以"雅静之韵致"言茗饮真趣，真正的饮茶者应是"缙绅之士，韦布之流，沐浴膏泽，熏陶德化，咸以雅尚相推，从事

---

① 唐君毅：《中国文化之精神价值》，台湾正中书局1987年版，第259页。

茗饮",真茶人应切忌庸鄙粗俗,需尽可能地消减外在矫饰,这也是茶道精行俭德之本义。通过看一个人对茶的理解与态度,饮茶时的举止与风度,就可以大致判断一个人的心智和德性。茶道史上广为流传的例子,当属东晋吴兴太守陆纳以茶果招待谢安,其侄因私自盛馔珍羞(同"馐")而受责。此事载于《晋中兴书》,后被陆羽饶有兴致地记于《茶经·七之事》中。

> 陆纳为吴兴太守,时卫将军谢安常欲诣纳,纳兄子俶,怪纳无所备,不敢问之,乃私蓄十数人馔。安既至,所设唯茶果而已。俶遂陈盛馔,珍羞必具。及安去,纳杖俶四十,云:"汝既不能光益叔父,奈何秽吾素业?"

谢安乃东晋明士,品斯超远,不计虚名,人称"江左风流宰相",同样具有俭雅之风的吴兴太守陆纳,以清茶素果作为接待谢安的佳品,本是雅士之间的清谈神交,而其侄陆俶不解其中的风情奥义,摆出了一大桌子酒肉待客,自以为安排周至,却大大乖违了陆纳本意,令其大为恼火。从这一茶席客宴,就可以识别出谢安、陆纳、陆俶不同的修养水准与品性气质。

3. 借茶联通内外

人是社会性的动物,一个人只有投身社会生活,面向天地宇宙,才能够获得足够的知识、能力、品行,才能真正地成为人,成就一个"大我"。儒学理念中的"我",实则是一个"关系我",人需要识得这个关系中的我,明白己与他、内与外的交往互动规则,准确地判定自己在现实社会中所处的恰当位置。中国传统社会通常被认为是伦理本位的社会，尤其重视人与人之间的关系连带，我之所以为我，是因为我处于群体之中，有着自己的身份、地位、角色，因此每个人都要把握住关系中的我，做合规矩的事。"他"自然也是关系中的"他"，是进入我的视野、与我产生互动、对我产生影响的那个"他"。儒学的伦理思想历来都是将自我安顿在关系之中去考察，《论语》中讲"吾日三省吾身：为人谋而不忠乎？与朋友交而不信乎？传不习乎？"君子日夜反观的，是与他人产生伦理交往后的"我"；君子须臾在意的，是这个"关系我"的所思所想、所作所为是否合乎伦理法则的规约。儒学的精义正在于调和、联通内与外、人与我之间的关系，将成己、成人、成物看作是接续贯通的过程。

当茶被人发现，被人的情怀与思想呵护之后，茶就不再是简单的植物，也不再是单纯的饮料，而是在一系列茶事活动背后彰显出人类文明所独有的人文价值、伦理意义、精神哲思。其中，茶之人伦意义非常重要的一点，在于通过茶事活动，为相互品饮的茶侣、茶友、茶伴提供了相知、相和、相亲的空间和桥梁。于闻香细啜之间，不仅使饮者可以反观自身、认知本我；而且可以借茶识人，通过茶友的谈吐举止来辨识他者；于此基础上，可以使饮者之间获得更深入的了解，对彼此之间的相互角色、恰当互动、合宜关系等均有了深刻得当的认知。可以说，通过茶事活动，苏醒的不仅仅是自我与他者，同时也苏醒了己与人、内与外、此与彼之间的关系。

一方面，茶可联通内外，是因为在饮茶中产生出的情，成为了连接茶伴之间相知相亲的关键因子。饮茶作为雅尚之事，不仅可以产生内在的愉悦之情，如陆羽在《茶经》中引《神农食经》所云，"茶茗久服，令人有力悦志"，袁枚的"一杯之后，再试一、二杯，令人释躁平矜，怡情悦性"，而且，这种内在的情感自适也表达、延展至一同品饮的茶伴上，使饮茶者之间产生出深情厚谊。真正能够安静坐下来一起品味一杯香茗的人，绝不是泛泛之交，而必是情投意合者，有着相近的话题、品位、志趣。如唐中叶，陆羽、颜真卿、皎然、张志和等文人名士在湖州杼山雅集共饮多年，交结了深厚的情谊，于迎来送往之间相互唱和，留下了中华茶史中多少佳作与佳话。一生嗜茶的苏东坡，也常常以茶会友，寄情于茶，通过茶来联通自己与友人的感情。如在《赵德麟饯饮湖上舟中对月》一诗中，苏轼写道："老守惜春意，主人留客情。官余闲日月，湖上好清明。新火发茶乳，温风散粥饧……"如此良辰美景，友人做伴，恐怕只有雪沫乳花，建盏在手，共品佳茗，才能配得上这份情谊。

茶事活动中所体现的情，恰恰是儒学中情理精神的一种外在表达。儒学以伦理为基石，将人的一切思维与活动都赋予温情脉脉的情感内涵。儒学所言的理，不是纯粹的理性之思，而是关乎情、以情为主体、以情为关怀对象的理。情理是人们在社会生活中规范彼此感情的道理，情理精神意在合情合理，情与理在人们的思维意识中交织在一起，共同指导人们的行动。现代新儒家代表人物梁漱溟先生就认为在中国文化传统之下，"所贵乎人者，在不失此情与义。'人要不断自觉地向上实践他所看到的理'，大致不外是看到此情意，实践此情义。"[1]在清幽素雅、仪则周至的茶事生活中，茶友之间自然产生出亲密的情感交织和伦理连带。

---

① 梁漱溟：《中国文化要义》，上海人民出版社 2005 年版，第 121 页。

另一方面，茶可联通内外，还在于品茶可以养心，实现心的苏醒与觉解，而在儒学看来心才是所有认识的终极源泉，也只有心的察觉观照，才使内外、人我得以真正联通。北宋理学家邵雍在认识论问题上曾经提出了颇具特色的"观物说"，于此我们可以对儒学所言心的认识功能管窥一二。"夫所以谓之观物，非以目观之也。非观之以目，而观之以心也。非观之以心，而观之以理。"（《皇极经世·观物篇六十二》）邵雍认为对外在世界的观察体认，最高的境界是以心观之，用心联通自我与外界，进而发现其中之理。在陆王心学看来，终极的认识、真正的天理，寓于人心，无需外求，人们要做的只是将心中良知发轫于外，如此一来，人们自然会通达天理。所谓"吾心之良知，即所谓天理也。致吾心良知之天理于事事物物，则事事物物皆得其理矣"。（《王阳明全集》卷2《答顾东桥书》）

人们通过茶事活动，一方面通过专一泡茶、静心体悟，将茶作用于自我本身，实现自我的认知与觉醒；另一方面，茶事活动中产生的精神感受、心灵启发也投射于一同喝茶的友伴上，如此一来，茶就成为了茶人之间心与心交流和沟通的媒介。日本茶道中的独坐观念，主张茶事完毕待客人走后，主人应独坐茶室，面对茶釜独自"熟思"，这不正是借茶省思、获得认识，通过茶来苏醒本心，进而将一己之心与他者之心关联互通起来的生动表达么？特别是在当前过于快节奏、功利化的社会，面对着人与己、内与外交流之中的错位、异化、迷失，通过茶事活动，以及茶生活方式内在蕴含的礼俗、伦理、哲思，饮茶者能够从迷醉的世俗生活中苏醒起来，发现自己的心、性、情，并将此投放到人伦世事之中，这对于如何合宜、恰当地处理自我与周遭世界的关系，如何正确地在现实社会中安放自我，提供了特别的意义。

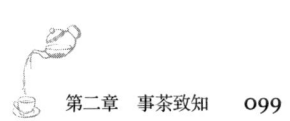

三、法度：由茶循规蹈矩

作为社会性的存在，人只有认识并实在地遵循社会生活中的规矩、法则、制度，才能够通达真正的自由状态，这正是儒学所言"从心所欲不逾矩"所表达的主要意涵。饮茶并非简单的生理行为，而是有着一系列的讲究和规矩，茶事活动中的这些讲究规矩以茶规、茶仪、茶礼等形式确定下来。茗饮之中这些严格的程式设置、仪则规定，体现了对法度精神的依凭与遵循；中华茶道对法度的这些理解与奉守，深刻地体现了儒学精神中的中庸之道。

1. 奉茶事以循茶规

处于社会生活中的人，不可以任性而为，而是需要认识并服从人伦法则乃至自然法则，如此才能在社会生活中找到自身恰当的位置，作出恰当的言行，更好地与周遭世间建立关联、达成和解。我们常说"无规矩不成方圆"讲的正是这个道理，只有明白了立身处世的规矩，遵循规矩行事，才能够获得真正的自在，达成儒家所言的"从心所欲不逾矩"。从儒学创始者孔子一生的志趣来看，"从心所欲不逾矩"是生命修炼所通达的最高境界。孔子十有五立志向学，随着年岁增长、不断积习，从而立、不惑，到知天命，再到耳顺，经过一生的修行历练，最终达成的才是"七十而从心所欲，不逾矩"的理想状态。孔子的修行次序为后世提供了理想人生轨迹的基准，成为无数中国人立身行事的依凭法则。明儒李贽说，"孔子年谱，后人心诀"，可见孔子的人生进阶模式对后学的指导意义。

朱熹在《论语集注》中，对"从心所欲不逾矩"解释道："从，如字，随也。矩，法度之器，所以为方者也。随其心之所欲，而自不过于法度，安而行之，不勉而中也"。杨伯峻先生在《论语译注》中说："到了七十岁，便随心所欲，任何念头不越出规矩。"[①]"从心所欲不逾矩"将人内心的情感欲望以及外在的行为活动都纳入社会规范的限度之内，将外在的礼法、仪规内化为自我的内心信念。"不逾矩"并非外力胁迫所致，而是主体内心情感、思虑与外在法度、仪则的自然契合，是主体自愿自觉的行为。可以说，"从心所欲不逾矩"正是儒学通过格物致知所达成的一种精神自由状态。

喝茶有讲究，茶道有规矩，这些讲究规矩，正是以茶事活动的形态对社会伦理规范的反映与诠释，从而在茶事生活中体悟并践行"从心所欲不逾矩"的理想人生模式。茶，之所以能够从简单的生理饮品升级为具有人文意向、价值关怀的精神性存在，是因为人发现茶之后，将茶纳入了人伦生活，创制出一系列丰富流畅的茶事活动，在茶事活动背后，存在着一套完整的规矩程式和礼俗规定，这即是茶事活动本身的要求，也反映出茶人借茶事来培养、熏陶相互之间的礼规与仪则。茶道立方圆之规，别万物之序，正是于明分定礼之间体现对万事万物合理恰当的理解与把握，茶事活动的种种设计与表达也正内含着对方圆规矩的理解和遵从。冈仓天心在《茶之书》中讲得好："在简朴中见自在，无需排场铺张；它帮我们的感知，界定了万物彼此间的分际，在这个意义上，它是一套修身养性的方圆规矩。"[②]

---

① 杨伯峻译注：《论语译注》，中华书局 1980 年版，第 12 页。
② [日] 冈仓天心：《茶之书》，谷意译，山东画报出版社 2010 年版，第 5 页。

茶事活动中包含了诸多喝茶的程式、规矩，由此体现出茶道精神对礼法和仪则的奉守。陆羽在《茶经》中就将茶事技艺分为炙茶、碾末、取火、选水、煮茶（煮茶又分为烧水、煮茶两道工序）、酌茶六大最主要的工序，构成了茶事活动的核心内容。整套程序自成体系、详尽完备，具有一套严格的程式规范，而且超越了生理需求，在对规矩的寻求中表现出强烈的审美意蕴与精神品味。如在煮茶中陆羽特别强调培育具有美感的"汤华"（煮茶时茶汤表面上浮泛的一层细密均匀的泡沫），陆羽将此沫饽冠之以枣花、青萍、鳞云、绿钱、菊英、积雪、春花等曼美清秀的名称，足见茶事规矩并非枯涩呆板，而是充满着隽永雅致的美学追求。单就茶叶冲泡而言，也有着诸多的讲究和规矩，对于不同的茶类与茶品，冲泡之时的器具选择、水温设定、冲泡时机、冲泡手法、冲泡次数等，就有着各不相同的要求。比较典型的如潮州工夫茶，单就冲泡程式依次包含下面极具章法和美感的艺术性规定：恭请上座、焚香静气、风和日丽、嘉叶酬宾、岩泉初沸、孟臣沐霖、乌龙入宫、悬壶高冲、春风拂面、薰洗仙容、若琛出浴、玉壶初倾、关公巡城、韩信点兵、鉴赏三色、三龙护鼎、喜闻幽香、初品奇茗、再斟流霞、细吸甘莹、三斟石乳、领悟神韵。此外，本书所论及的大益八式，亦是茶事规矩的典型代表。大益八式为：洗尘、坦呈、苏醒、法度、养成、身受、分享、放下，以此八大基础程式为主干，每一程式又细分为许多步骤，不仅确定了泡茶的流程规范，而且体现出"惜茶爱人"的茶道宗旨，"洁、静、正、雅"的茶道美学，以及"守、真、益、和"的茶道精神，实现了茶道技艺、茶道礼仪、茶道美学、茶道哲学的有效融和。

庄晚芳先生认为："茶道就是一种通过饮茶方式，对人们进行礼法教育、道德修养的一种仪式。"① 余悦教授对"茶道"作了这样的界定："作为以吃茶为契机的综合文化体系，茶道是以一定的环境氛围为基础，以品茶、置茶、烹茶、点茶为核心，以语言、动作、器具、装饰为体现，以饮茶过程中的思想和精神追求为内涵，是品茶约会的整套礼仪和个人修养的全面体现，是有关修身养性、学习礼仪和进行交流的综合文化活动与特有风俗。"② 由此可以看出，茶道在舒放心灵、乐享身心的同时，还具有对外在茶规、茶仪、茶礼的遵循，而在茶事活动中透过并超越具体的茶事规范，所通达的正是对普遍性礼法和规矩的内在认同，从而实现儒学所言"从心所欲不逾矩"的理想境界。

2. 循茶规以遵法度

饮茶只是茶事活动的一个环节，绝非其全部，茶事活动中具有一系列的程式、章法、仪规，对这些茶规茶礼加以深入的认知体察，会发现其内在蕴含着法度的理念。法度，是人得以立身行事、展开实际生活的基本准则，无论是内心的自适安然，还是与周遭世界的关联融通，都需要秉守法度的精神原则。

简单的理解，法度是一种恰到好处、正相得宜的选择智慧，是对情感与理性、内在与外在合乎分寸的把控拿捏。儒学理念中充满着法度的智慧，当子贡问老师"师与商也孰贤"时，孔子给出的答案是"师也过，商也不及"，他对师（子张）之过和商（子夏）之不及给出了同样的批评，认为"过犹不及"。在孔子眼中，过和不及一样，都不值得称许，

---

① 庄晚芳编著：《中国茶史散论》，科学出版社 1988 年版，第 81 页。
② 余悦主编：《中国茶韵》，中央民族大学出版社 2002 年版，第 276 页。

真正的君子应该把握住两者之间的度，做到不偏不倚、无过无不及。孟子也讲道："权，然后知轻重；度，然后知长短。物皆然，心为甚。"（《孟子·梁惠王上》）无论是外物还是人心，都需要进行称量之后，才能对其作出恰当合理的认知与选择。

在中华茶道的诸多讲究和规矩中，我们不难发现其中对法度精神的依凭与遵循。例如，在茶叶冲泡时，每一个环节都需注重"量"的取舍与"度"的把握，做到无过无不及。"在水温和冲泡时间一样的情况下，投茶量的多少决定了一杯茶的浓度、苦甘。泡茶过程中，什么样的水温，什么样的壶体，什么时间出汤，无不讲究量与度。"①

在煮水煎茶的时间、火候的拿捏上，茶道尤为强调一种及时性与适时性，既讲求把握当下，又要将时间把控得合乎分寸，恰到好处。自唐代茶事兴盛以来，在茶艺活动中煮水讲究火候，煎茶要求汤候，淋漓尽致地展现出对法度精神的因循坚守。首先，好茶需有好水，好水需要火候。震钧在《天咫偶闻·说茶》中提到"茶之妙用，全在火候"，火候中很重要的一点就是对用火时间和大小的把握，做到急火快煎，火候适度。其次，汤候也鲜明地体现出把握时间的法度原则。在《茶经·五之煮》中，陆羽就专门论及了对煮茶时间的拿捏。他以"声响"与"形色"来把握煮茶时间，认为煮茶时"沸如鱼目，微有声"则"水嫩"，"腾波鼓浪"则"水老"，水嫩和水老均无法煮出好茶，而只有在"鱼目"过后的"连珠"及时停火，才能充分发挥出茶性，正所谓"汤以鱼目蟹眼连绎并跃为度"。

宋代文豪苏轼深谙茶道，对煎茶煮水的火候把握得极其到位，他在

---

① 吴远之主编：《大学茶道教程》（第二版），知识产权出版社 2013 年版，第 201 页。

《试院煎茶》一诗中，生动地描写了自己煮水煎茶的心得：

> 蟹眼已过鱼眼生，飕飕欲作松风鸣。
>
> 蒙茸出磨细珠落，眩转绕瓯飞雪轻。
>
> 银瓶泻汤夸第二，未识古人煎水意。
>
> 君不见，昔时李生好客手自煎，贵从活火发新泉。
>
> 又不见，今时潞公煎茶学西蜀，定州花瓷琢红玉。
>
> ……

依东坡的经验，煮水的法度之要在于泛起的水泡由蟹眼之状变为鱼眼大小，并发出类似风吹松林的飕飕鸣响，此时为取水饮茶的最佳时机。清人震钧对东坡之言做了生动细致的解读，尽显煮水煎茶时的法度精要：

> 东坡诗云"蟹眼已过鱼眼生，飕飕欲作松风鸣"，此言真得煎茶妙诀。大抵煎茶之要，全在候汤。酌水入铫，炙炭于炉，惟恃鞲鞴之力，此时挥扇不可少停。候细沫徐起，是为蟹眼；少顷巨沫跳珠，是为鱼眼；时则微响初闻，则松风鸣也。自蟹眼时及出水一二匙，至松风鸣时复入之，以止其沸，即下茶叶。大约铫水半升，受叶二钱。少顷水再沸，如奔涛溅沫，而茶成矣。然此际最难候，太过则老，老则茶香已去，而水亦重浊；不及则嫩，嫩则茶香未发，水尚薄弱，二者皆为失饪。一失饪则此炉皆废弃，不可复数。煎茶虽细事，而其要妙难以口舌传，若以轻心掉之，未有能济者也。惟恐日长人暇，心静手闲，幽兴忽来，开炉热火，

徐挥羽扇，缓听瓶笙，此茶必佳。凡茶叶欲煎时，先温水略洗，以去尘垢。取茶入铫宜有制，其制也，匙实司之，约准每匙受茶若干，用时一取即足。煎茶最忌烟炭，陆羽谓之"茶魔"。粉木炭之去皮者最佳。入炉之后，始终不可停扇，若时扇时止，味必不全。《天咫偶闻·说茶》

这种对煮水煎茶的时机拿捏与法度把握，反映出茶事活动的专业性与艺术性，并非任何人都可以操作，真茶人更不会将此流程假他人之手，苏轼就有"磨成不敢付僮仆，自看雪汤生玑珠"（《鲁直以诗馈双井茶次韵为谢》）的讲法，亲力亲为地煮水烹茶，并乐此不疲地享受这一过程。真正的茶人需要对水性、茶性有着深刻的认知，需要将个人的经验、体悟、情怀融入于其中，并全神贯注、精益求精地专著、执着于此，才能够捧得一盏佳茗，秉守住中华茶道的法度原则。

3. 遵法度以道中庸

喝茶有讲究和规矩，茶事活动中的这些茶规仪则彰显出法度原则，对规矩的自愿遵从，对法度的执着坚守，在本质上体现出儒学的中庸之道。中庸历来被儒学视作道德至境，孔子直言"中庸之为德也，其至矣乎！民鲜久矣"（《论语·雍也》），二程则直接将中庸视作天理，指出"中庸天理也"，"不极天理之高明，不足以道乎中庸"。可以说，中庸在儒学体系中不仅属于认识论、工夫论的范畴，更具有本体论上的本根性意义。依孔子所见，做到中庸要"不偏不倚"，"叩其两端而竭焉"。朱熹对此做了更细致的解释："中者无过无不及之名也。庸，平常也。"又说："中庸者，不偏不倚，无过不及，而平常之理，乃天命所当然，精微之极致也。"（《中庸章句》）由此看出，中庸的关键处是于动态平衡之中把握事物实质上的中（而非物理意义上的中间），即找到事物的本质核心，发现事物的发展规律，恰到好处地拿捏其中的"度"，并坚守此常道。

茶作为"百草之首，万木之花"，受天地精华，承甘露滋润，品性高洁，清幽素雅，茶的生成环境、自然属性，无不体现出天地自然本具的中庸至德。《论语·阳货》讲"天何言哉？四时行焉，百物生焉，天何言哉？"天地以此不言之教统合、调理万物之序而生生不息，茶作为天生灵物，自是顺遂宇宙自然本有的和谐，不偏不倚地依据自然本性来孕育生长。当作为自然之物的茶与人相遇，首先唤醒的是人的身体，实现体内循环、生理机能的中庸调和。茶中富含茶多酚、茶叶碱、茶多糖、茶色酸、茶氨酸等人体所必需的微量元素和营养成分，因而饮茶可以平衡身体所需物质，调和身体机能。茶味苦中带甘，茶汤清淡洁净，其特有的回甘体验所产生的中庸平和之感更是给品饮者带来无穷的口体之乐。因此《荈赋》讲饮茶可"调神和内，倦解慵除"，《茶述》论及茶之功效时也指出"其性精清，其味浩洁，其用涤烦，其功致和"。北宋理学大师朱熹就直言建茶如"中庸之为德"，并曾以茶之味论及中庸至理，颇有妙趣。在《朱子语类·杂类》中记载："先生因吃茶罢，曰：'物之甘者，吃过必酸；苦者，吃过却甘。茶本苦物，吃过却甘。'问：'此理如何？'曰：'也是一个道理。如始于忧勤，终于逸乐，理而后和。盖礼本天下之至严，行之各得其分，则至和。'"朱熹恰当巧妙地以茶之苦甘调和所展现的中庸之理来比拟人伦活动，将茶之理与人之理联通起来，以茶事言人事，以茶道论人道。

在茶事活动中，只要我们细心体察，用心感悟，就会发现其间蕴含着丰富的中庸精神。如茶圣陆羽在《茶经》中对煮茶所用风炉的设计，

就充分体现出儒家的中庸之道。陆羽所设计的风炉充分采用了《周易》的象数原理，"风炉以铜铁铸之，如古鼎形。厚三分，缘阔九分，令六分虚中"。风炉有三足，其间所刻铭文充分展现了中庸精神：一足铸有"坎上巽下离于中"，坎、巽、离是《周易》卦名，分别代表八卦中的水、风、火，并将代表着三卦的鱼（水虫）、彪（风兽）、翟（火禽）绘制于炉上，意在表达煮茶时风能助火、火能熟水，进而以水煮茶，体现出在煮茶过程中五行之间相生相济，以达到和谐的平衡态；另一足铸有"体均五行去百疾"，意指饮茶可以使体内五行协调，身体康泰；还有一足铸有"圣唐灭胡明年铸"，这不仅是简单地记载铸炉时间，更是彰显出盛唐气象，深刻体现着儒学的治平天下与济世情怀，表达了陆羽对家国和顺、天下太平的追求与信念。由此可见，单是一个煮茶风炉的设计，就依《周易》、秉中庸，从自然五行、身体循环、家国天下等各个层面出发，全面表现出中正协和的设计理念。

前文我们所言煮水煎茶时对火候和汤候的时机把握与法度遵循，这其实彰显出的是中庸精神中的时中观念。时中是中庸很重要的一层精神意涵。《中庸》讲孔子说过："君子中庸，小人反中庸。君子之中庸者，君子而时中；小人之反中庸也，小人而无忌惮也。"孟子就盛赞孔子为"圣之时者也"，认为孔子之所以成为圣人的原因正在于具有时中品德。朱熹在《四书章句集注》中对时中理念进一步诠释道："盖中无定体，随时而在，是乃平常之理也。君子知其在我，故能戒谨不睹，恐惧不闻，而无时不中。小人不知有此，则肆欲妄行，而无所忌惮矣。"在茶事活动中，烹茶煮水需要对时间、火候进行合乎方寸的把握，以求在动态中平衡，在流变中常驻，而非一成不变的静止不动，这正是时中所讲求的核心精神。

茶道内在具有系统的礼规仪则，内合于礼、依礼行事正是中庸之道的重要表征。王岳川先生指出："中庸不是平庸和放纵，不是日常的放松和失度，而是用更高的合于'礼'的要求来约束自己，使人不要去追求过多的外在物质附加物"[①]。完整的茶事活动，包含洗茶、煮水、投茶、煎煮、分酙、品饮等环节，不仅每一个环节都有严格的流程和规范，而且诸多环节有序衔接、相互协调，在烹茶时要求"茶滋于水，水藉乎器，汤成于火，四者相顾缺一则废"，在品茶时讲究"目视茶色，口尝茶味，鼻闻茶香，耳听茶涛，手摩茶器"(《茶疏》)，尽显中庸真意。

茶人在行茶事的过程中，使自己的情感状态、精神气质、行为举止都合乎中庸之道，举手投足之间无不展现出平衡、协调的美感。将自身的此种心性状态发轫于外，不仅与茶友在交往中进退有度、以礼相待，而且推而广之，也找到自我在人伦社会、天地自然中的恰当存在，安于自身所当然应处的位置，自然而自觉地成为了美妙庞大的宇宙乐章中和谐有序的组成部分。

---

① 王岳川：《"中庸"的超越性思想与普世性价值》，《社会科学战线》2009 年第 5 期。

題文会圖

儒林華國古今同

吟釄飛毫醉中

多士作新知人穀

畫圖猶喜見文雄

臣京謹依

韻和進

明時不與百費同

八表人歸大道中

可笑當年十八士

宋徽宗《文会图》

传承明德

第三章

宋徽宗《文会图》（局部）

我们通过对中华茶道的发展历程及其基本精神的简要梳理，发现了中国传统儒学义理与中华茶道之间存在着深刻的内在关联。长期以来，中华茶道得益于儒学的滋养、受益于儒者的身体力行，茶与人的关系、茶在修行中的作用等问题都不断地得到了再深化和新阐发，在此过程中，茶终于脱离日常生活饮品的局限，被提升为载道的方便手段和常见程式。在即物自存、充分保留自然属性的同时，茶成为茶人修道、悟道的捷径，并最终成为"天道"的具体化表现形式，上达为中华传统文化的代表性符号。许多喜茶、嗜茶者都倾向于以茶自喻、修茶明德，在一定意义上，茶成为中国传统社会许多文人修身悟道的承载方式。

一、茶人的修养

　　茶道之道的获得，一则不能离开茶，要识茶、懂茶、爱茶，能冲泡出好茶，能品味出茶汤的各种滋味；二则不能离开围绕茶而展开的修为，一切有关茶事的活动，包括感知、体验、审美、演习、操练等等，只要依照一定的章法用心去做，就会有所得。茶道不仅体现了知行合一，更表明了体用一致。对茶道的"知"只有通过践行茶道予以展示，践行茶道的行为及其过程是茶道之"知"的具体化。同样，茶道之体（有时也可以称为"纯茶道"、"茶道之本"）是借助茶道之用（即每日践行的各种茶事活动）得以显现的，只有不断接近并反复揭示茶道之体的茶道之用才是值得称赞的。故而，我们主张修茶明德，知心见性，参同天地，这也是茶人修养的必经之路。

1. 何谓茶人

儒学重人本，重个人修为，援儒入茶的中华茶道特别强调茶人及其修养。

什么样的人可以称作茶人呢？那些仅仅将喝茶当作解渴、满足生理需要的人，显然不能算作茶人；天天坐在茶馆、茶室，但边喝茶边打牌、搓麻将的人更不能叫茶人，对他们来说，茶只是道具，是消磨时光、打发无聊的器具，他们根本没有融入茶之中，更不会被茶道所吸引。每天习茶、讲茶、向客人泡茶以便推销茶品的人，也不能划入茶人之列，因为他们只是将茶视为商品，看到的是茶背后的利润、收益、增值等经济性目标。即便一些以茶为业的人，例如生产茶的茶农、茶商，经营茶的茶庄主人，从事茶艺教学的茶艺师等，如果他们只是将茶视为商品，只是将与茶相关的工作当作谋生的饭碗，并未将自己融入茶中，也不屑于去了解茶性或虔诚对待茶，他们也不能叫茶人。真正的茶人对茶一定是不抱功利心的，他单纯以茶为乐，将与茶共处作为人生一大乐事。如果是独自品茶，他可以问茶问道，以求心静；如果是与多人共饮，他会满怀欣喜，心甘情愿与人分享品茗过程中生发出来的心得感悟。所以，茶人品茶在"品"字而非茶上，他们追求的是饮茶过程中的与茶合一，由茶性见己之本性，以求与茶性相连相通，做到心安理得、顺心随意。不论做什么工作，不论有着怎样的社会身份，重要的是对茶的态度以及品茶时的心灵纯净。即便是卖茶者，只要他对茶怀揣敬意，因对茶的喜爱而乐得本职工作，这时他也成为了茶人而不只是茶商。

因此，在本书中，我们对茶人的定义是：视茶为信仰落地的精神伴侣，在饮茶过程中寻找人生乐趣和精神安顿之人。喝茶的人并不自动就会成为茶人，成为茶人不是靠时间的自然累积，终日浸淫在好茶、极品茶、名贵茶之中，顶多叫买得起好茶的人，或者叫总有好茶喝的幸运儿。成为茶人是一个主动作为的结果，需要刻意的培养和悉心的养育，这就是我们在此要谈论的、围绕品茶而展开的修养从而成为茶人的问题。

一般而言，当人对自己提出相对较高的修养要求时，他是明确意识到自己依然存在待改进的某些方面的缺陷，换句话说，修养的前提是当事人自认为自己还存在种种不足，对目前的自我状态并不满意，希望通过持续努力、不懈的自我激励而达到某个更高的目标，易言之，做更好的自己。从这个意义上说，修养者一定是谦恭、谦和、谦虚的人。因为他们总是看到他人的长处，见贤思齐，与他人打交道时就表现出了谦恭；总是意识到所做的事情还有改进的空间，还有提高的余地，不固步自封，不恃才自傲，凡做事行动一定会表现出谦和；总是觉察到自己的不足，不断给自己设定新的更高的目标，竭力挖掘自己的潜能，对待自己自然就是十分谦虚的了。

茶人的修养不是一蹴而就的，更不是静止的恒定状态，相反，茶人一旦按下修养键就意味着开启了一个无限的征程，在茶人的内心中，生命不息，修养不止。为什么呢？因为茶人修养是一个动态的过程，这个过程存在着不断精进、逐级上升的多个层级。我们认为，从茶人的心智水平这个角度来看，茶人修养至少具有如下四个不同的层级：其一是品饮之乐，其二是静修之福，其三是人文之趣，其四是悟道之雅。茶人修养最初只是被茶的色香味所吸引，由饮茶、品茶获得身心的愉快，受到感动，决定为茶花费更多的时间和精力，这也可以说是爱茶境界。之后开始注重个人的仪表仪态、行茶仪轨手法，反复习茶，研读茶文化著作，将茶当作个人修行或自我提升的方式，将饮茶静修视为人生幸事，这是修茶境界。继续走在品茶的征程中，逐渐打开认识世界和自我的窗口，豁然看到一个崭新的世界，时时都有不断增长的精神收获，同时通过茶会结交朋友、贡献社会，全方位感受到了茶修的人文素养，这是入茶境界。最后达至人与茶的一体贯通，满眼皆是茶，同时又见茶不是茶，不再纠结品什么茶，不再烦恼以怎样的方式去行茶，对人对茶总是心如止水，茶道在心中流淌，在意识中奔腾，这是悟茶境界。可见，茶人的修养过程同时是一个人不断精进、达至精神圆满的过程，这同时也会伴生出茶人对生命意义的反复诘问和追求。

　　就人生意义而言，好的生活才是值得向往的生活。人生在世走一遭所要寻求的生命意义，其实就是过一种好的生活。但"好的生活"包括了多个维度的"好"，伙伴的友谊、家人的陪伴、读书、旅行、助人、修身等等，都可以放入到"好的生活"清单之中。从伦理价值层面看，"好的生活"一定包含了人类普世价值，即那些可以为全体人类成员的人生终极意义提供托付的良善价值，这样的良善价值实际上也构成了

"好的生活"之核心价值。

　　不同的文化传统都为这样的良善价值提供了论证，从而构成了良善价值不可分割的一部分。中国传统儒学以及受其深刻影响的中华茶道就包含了与良善价值相符合的丰富内容，今天我们提倡复兴中华传统茶道，正是为了疗治当代日渐被骨感化和躯壳化的现实世界，缓解身处不断沉沦境遇中的无数个体的焦虑，为身处其中的我们提供安身立命的精神依托。中国传统儒学强调君子有"三不朽"，即立言、立功、立德。其中，立德重于立言和立功，因为"言"（所说的话、所写的文字）和"功"（所做的事情、立下的功业）都可能消失，或者不再被人们记住，但"德"（表现出的品质、所修养的德行）却可以感天动地，被后世永远铭记。借助品茶而反躬自省，不断完善自己，并进一步积善成德，助益他人和社会，我们就会成为"三不朽"的茶人、茶者。

　　因为人皆有善端，内在潜藏着淳朴天性，后天加以精心维护和雕琢，即修身正己就可以不违天性，展示出人性至诚的一面，即德性，成为具有君子品格的人。儒学推崇君子人格。所谓"君子"的原义是指国君，后来泛指对有地位男子的尊称，孔子明确地将君子与小人对举，从而赋予了君子深刻的道德含义和价值承载。君子是有责任感、敢担当的人；君子是有学养、有品位的人；君子是自律自肃、严于律己的人；君子是知耻明理、有气节的人……总之，君子是近乎完美的道德人，值得世人景仰。但君子并非生而既得，相反，成为君子是一个需要不断精进、渐续提升的过程，做君子就意味着开启了向上的大门和永不停止的奋斗征程。《礼记·中庸》有言："故君子尊德性而道问学，致广大而尽精微，极高明而道中庸，温故而知新，敦厚以崇礼。"郑玄在《礼记注》中对上述第一句话作出的解释是："德性，谓性之至诚者。道，犹由也；

问学，学诚者也。"君子是儒学推崇的理想人格，君子通过尊性（人的至高本性）求学（持恭敬之心学习），才能达到至大精微、高明中庸的境界。这也是个体向内的自我成长、体悟养成的过程，不断回顾、重温已知的事物，从而接纳、推导出新的知识，与此同时，纯净了心灵和磨炼了性格，从而实现对礼的尊重服从。儒学反复告诫，君子是世人的楷模，对世人而言，"虽不能至，心向往之"，即便最终结果无法达到君子的水平，但不能放弃努力，更不能自暴自弃，相反，要对照君子检查自己的不足，加以克服和改进。总之，修身正己才是养成的正途。真正的茶人因具有上述君子人格和品性，同样可以成为现代社会的君子。

2. 习茶以修身

人类认识世界的方式通常有两种。一种是理性的方式，即以近现代科学的方式将认识的对象进行客观检验、逻辑推理，由此获得的认识成果可以表述为科学定理、逻辑命题等。这样的理性知识常常被看作是客观独立、普遍有效的。然而，在理性认识中，认识的主体与客体截然二分，因此，单纯的理性方式也会导致认识上的偏差。另一种是非理性的方式，即以情感、直觉等方式去把握世界，例如文学、艺术、宗教等人文学科大都采纳这样的认识方式。在非理性方式中，认识者即主体占据了主导地位，客体通常隐而不显，或被动揽括进主体的视域之下。非理性的方式虽然克服了理性方式的不足，但也有脱离外在世界、无视周遭环境的危险。

与上述两种方式不同，中国传统儒学还提出了第三种认识世界的方式，这就是融入、比附的方式，此种认识方式使得主客不分，物我两忘，通过类比万物而省悟自身，将自身带入其中，融入天地之中，成为天地一分子，感受天地使命，理解人生真谛。这样获取的知识具有强烈的情境依赖性，有时无法准确地表述为语言，甚至也无法完全向他人清楚描述，中国古人讲到的"词不达意"、"得意忘象"都是针对这类认识方式而言的。受儒学的深刻影响，中华茶道认识世界的方式主要采纳的也是这样的方式，即自省、悟道以融入天地之间的方式；茶人明德，其实质正是在这样的认识立场中确立自身、认识世界。

传统儒学主张阴阳互补、刚柔并济，中国传统社会结构就充分体现了这一方面。礼制、刑律、族法等代表了国家制度和社会秩序的刚性规定，这些都是不可随意更改或变易的；但伦理、人情、习俗却是可以作出权变或因时损益的，中国传统社会的超稳定结构也得益于这些十分合理的体制设计。在人文素质养成领域也是如此，蒙学、小学、大学分别传授了逐渐递进的儒学理论知识；同时，辅之以礼、乐、射、御、书、数此"六艺"来扩展受教育者多方面的能力。同样，传统读书人之间交往互动，既有相互砥砺、论辩、争鸣等思想交锋，也发展出了棋、琴、书、画、诗、曲、茶等"雅趣"。品茶、论茶逐渐成为了一种文化现象，这通常被简称为"中华茶文化"。可见，茶文化不仅与儒学十分匹配，而且成为打通不同人文知识领域的利器、连接人文知识与庶民大众的纽带。

一些现代西方学者提出，完整的人生状态包括了人的身心、人与他人、人与自然、人与上帝这样四个方面，力图全面地描述人的立体状态，以克服现代性中所内含的过度张扬工具理性之弊端。而早在中国的宋代，大儒张载就尝试建构"儒家的心之模型"。他突破了传统思想中对人的狭隘认识，把人性分为"气质之性"和"天地之性"两种，在人性之外还有"心"，"心能尽性，人能弘道也"（《正蒙·诚明篇》）。用现代学术分类的语言来描述，可以说张载实际上也提出了人的三个面相：生物学意义上的人（"气质之性"，individual）、心理学意义上的人（"天地之性"，ego）、社会学意义上的人（"尽性之心"，person）。这三个层面是相互交错、彼此共在的。在张载看来，人不只是自我的，还是理性的，更是社会中的人。这样的观点通常被归结为"儒学人文主义"。因排除了"神"、"上帝"之类的外在超越因素，儒学的人生哲学更凸显出现世关怀和人类中心主义倾向。

其实，中华茶道就很好地展示了儒学人文主义，充分还原了人的丰富性存在，将张载所言人之存在的三个层面完美地交融在一起。在品茶和赏茶的过程中，人们可以完成对自身心性的体察、对同伴友善的体谅、对生命真谛的感悟。一个"品"字揭示出品茗中的全部意境。例如，大益集团推出的大益茶道提出茶道问学的"三位一体"，即感受滋味、体验品味、达到真味，就极简地阐明了类似的道理。每个人从初步识茶到获得茶道，其间实现了对茶的完整把握，这个过程同时也是一个天地人合一的过程。茶叶集天地之精华，是天地化育的灵物，人将它采下，依它的本性不同加上各异的人力、人智，将它制作成各类适合品饮的干茶，然后又用好水、佳器冲泡，人在喝茶过程中从滋味渐进到品味、真味，从而看到茶中的自己、茶后的世界、茶外的天地。习茶以修身，其实是为了成就自我、完善自我。所以，"茶道中重要的一点，是学会断开与'尘世'的连接。……如果人们不停地运转，没有定期的歇息，就无法健康地生活。实际上，人类的许多疾病本身就是因为忽略了休息而引起的"[1]。断开与"尘世"的连接，这只是精神上的，它的目的是让茶

---

[1] 无为海：《喝茶是修行》，江苏文艺出版社2013年版，第137页。

人得以反观自身、回味人生，重新再出发。

现代教育家蔡元培先生曾言："道德之本，固不在高远而在卑近也。"① 蔡先生认为，即便是级别甚高、难度甚大的道德修养也无非是从卑近处开始，即从身边的小事入手。我们认为，茶人修养也是如此，茶人不能好高骛远，更不能眼高手低，而要脚踏实地，从日常小事做起。先秦儒学的代表人物荀子将此概括为"积善成德"，并且坚信这才是为学、做人、成德的必经之路。他说："积土成山，风雨兴焉；积水成渊，蛟龙生焉；积善成德，而神明自得，圣心备焉。故不积跬步，无以至千里；不积小流，无以成江海。"（《荀子·劝学》）那些深得中华茶道意境的人士建议："在坐下喝茶之前，人们应该记得抖落身上的尘埃，再次将和、敬、谦、朴集于一体，就像好茶和好水那样，能够神奇地混合起来，产生出超越任何味道和芳香的喝茶体验。"②

对茶人而言，最简单明了的修养方式和途径就是努力做到：每日都以愉快的心情泡茶、品茶，每次泡茶时都一丝不苟，勤动手擦拭茶台茶席茶器，始终保持窗明几净，每件物品的摆放都井井有条，以恭敬心对待茶和茶事有关的一切。这些看似简单的动作、程式，都不是难事，更不是大事，但要长期做到且每次都尽可能做好，其实并不容易。每日每次都努力去做好，这其实就是磨炼自己的意志，提升自己的心志，一丝不苟，严于律己，不惮麻烦，茶人的初心就在一次次用心的操练中得以保存和善加维护。

茶事活动中的这些程式要求还涉及养成好习惯的问题。从一定意义

---

① 蔡元培：《中学修身教科书》，《中国伦理学史》，商务印书馆 2004 年版，第 121 页。
② 无为海：《喝茶是修行》，江苏文艺出版社 2013 年版，第 129 页。

上说，修养的结果就是将自己珍视的规范、价值、德性内化到心灵中并通过每日践行而变成牢固的习惯，常言道，"习惯是人的第二天性"，说的就是这个道理。任何理想目标、任何美好价值，一旦经过长时间的演习、实践，最终就会成为当事人自然而然的习惯性反应，当事人就实现了这个目标，并且稳定地获得了这个价值，因为他已经将它们化作了自己的无意识，成为了条件反射式的自动反应。一旦遇到类似情境或事件，他就会不假思索地作出一贯的决定或动作。例如，一个茶人，看到不干净的桌面就会自动想着去擦拭，把它弄干净；有了好茶、新茶就马上想到与亲友故旧分享；品到他人用心泡出的茶汤心中就生起无限敬意，等等，这样的反应都是毫不犹豫地从心底涌动出来的，因为清洁、分享、感恩等茶人推崇的价值已经通过他们每日的操练、默念和表达而完全内化到了他们的心灵之中。正如明末清初的思想家王夫之所言："习与性成者，习成而性与成也。"（《尚书引义·太甲二》）这就不难理解，茶人总会身具许多让世人赞赏有加的良好品茶习惯，让人一见就感觉到他（她）与众人显见的不同之处。

3. 品茶以悟道

中华茶道最有深意的一个情趣，就是寄情自然之物，即强调品茶活动应置身于浑然天成的自然环境之中，例如山水亭榭、修竹茂林、泉边松下等，相应地，对茶事相关的空间、用品、取材、服饰等也都要求尽可能保持自然本性，符合自然而然这一总体原则，因此，茶室布置装饰、茶具材质搭配和饮茶环境设置等都崇尚回归自然。这其实反映了儒学天人合一的理念。品茶不仅是修身，以立己成己，同时还应悟道，以立人达人。

在日常中发现永恒、在平凡中体会不凡，这可以说是对浸染于中华茶道之中的茶人们每日心理状态的真实写照。由饮茶过程中先苦后甜式的回甘体验类比人生，饮茶伴生的诸种情感（思绪、感触、情谊等）直接转化为关于人生智慧、生命信仰的抉择，即对更好自我的认同或善之我的自身确信，从而向他人开放，接受生活中的一切却依然故我（此时的"我"为"善之我"），寓茶于情，由情及理。真正的茶人永远不会老去，因为他们始终保持着探索茶道和自然奥秘的好奇心，每款茶都不同，甚至不同年份、不同山头采下的茶都不同，就像猎人永远行走在捕捉下一个猎物的路途中，资深的茶人因茶带来的欢愉无以复加，不会停下探求茶道的脚步。他们的生活因寻茶、制茶、品茶而充实，借此过程结识了诸多同道至交而欣喜，独处品茶所带来的内心之问得以安顿心灵。可见，中华茶道向所有亲近它的人开启了俗世的修道场，在此，人们得以放空身心、释放压力、叩问本心、澄明精神。急速奔走在现代化征程中的人们正需要这样的精神伴侣，时时提醒自己放慢脚步，享受一杯清冽、醇厚的茶汤，片刻间忘却杂念，卸下负重，得以继续前行。

茶道虽非至道、大道，却也是天地间的纯道，它与其他纯道相通相续，诸如天道、人道、神道等等，与茶道都可以直接勾连。茶道的"道"是一种抽象观念，是人在品茗过程中抽离出的精神世界，人们简单喝茶、拿起或放下手中的茶杯，这些行为本身并不是茶道，相反，茶道还需要人下工夫刻意去体悟，体悟虽不是理性思维，但也绝非直觉，体悟是一种将自身代入其中去把握世界、整体认识茶自身的方式，因此，它也是有章可依、有迹可循的。与理性思维的逻辑认知方式不同，体悟要发掘内心，要将自己融入对象之中，自己与对象之间进行移情、通感、投射。品茶以悟道，这就要求茶人不断锤炼自己形成敏锐的感知力、丰富的情绪体验，不断获取厚重、深刻的抽象判断力，因此，从这个意义上说，品茶是悟道的门径，悟道是品茶的终极。

我们认为，从人与茶的关系来看，品茗或品茶包含了三个不同的阶段：初识茶性、后见茶情、再现茶德。在最初品茶的一段时间内，饮者还不完全了解茶本身的特点，也不了解自己适合喝什么样的茶，只能道听途说，所见所闻前后矛盾，有点无所适从、茫然无知。坚持一段时间后，随着喝的茶类增多、喝茶的时间加久、所见的茶友增多，加上自己的反思体悟和认知理解，就会发现，慢慢地，他就可以确定自己最适合的茶类、最佳的喝茶时间、最喜爱的饮茶口感，于是他不仅喜欢上了茶，也开始关心与茶相关的一切，像恋上一位异性，对茶变得依依不舍、不离不弃。他若不满足于此，继续前行，不断与人交流，不断追问、反思茶中的自己，最后就达到充分习染茶德的程度，自己融入茶汤中，茶中见己，己在茶中，此时他就成为了有性情、懂生活的"茶痴"。

所以，在人、茶、道的关系上，也大体存在高低不同的三个层级：初级茶者因茶见茶身，中级茶者因茶见茶性，高级茶者因茶见茶道。茶者对茶道的体悟正循着上述高低层级而逐渐跃升，这样的层级分别体现的是生理、心理、伦理等多重生命张扬的元素。完整的中华茶道也确实包括了上述三个不同的层次。实际上，茶包含了物理性、生物性等客观实体性内容，人喝茶解渴时确实具有首先且充分满足了生理需要这样的客观事实，但仅仅这些内容并不构成中华茶道的核心，然而，中华茶道又实在不否认也没有完全摆脱茶所具有的上述客观性、生物性的方面，而且这些内容与品茗过程中人的精神代入产生了奇妙的合成，饮茶者因品鉴茶本身而产生了心理投射、情感转移以及伦理认同、精神满足等等主观性的满足，从而顺利进入精神信念的应然状态，换句话说，中华茶道圆融地将上述几个方面毫无违和感地融合在一起。

中华茶道追求的是平常中的不平常，即常中的非常、动中的不动。有个流传甚广的对联，"为名忙为利忙忙里偷闲喝杯茶去，劳心苦劳力苦苦中作乐拿壶酒来"。就像儒道互补提供了中国传统文化的基干，性质对立的茶与酒似乎也共同成就了一个普通中国人的日常生活：饮酒是一种向外的宣泄、释放，饮茶则是一种向内的寻觅、返真。这也显示了茶与酒的不同：茶因内敛、自性而上升为道，酒多饮则会令饮者变得冲动、放肆而乱性，适度饮酒、少沾酒通常才是一个自律、有操守者的特征。

就人文素养而言，茶道不仅包含了人文情怀、淑世态度，饮茶、习茶本身也可以成为体用合一、道形一体的媒介，饮者在品茗中沉静思绪，洗涤心灵，获得精神成长。茶随处可见，饮茶随时可行，但从中澄明正心、反躬自省并悟及人生、事业、世间至理却甚难。中华茶道强调以此悟之理、得之道，并还要反观现实，联系自身，在此循环往复中身心不离，情思遨游于天际而虑系于此在。

二、养成：守真益俭

对茶人来说，养成首要在于养出对茶的敏锐感觉和掌握冲泡出好茶汤的娴熟技巧，这是茶人益身之处。此外，养成还要在审美上做到俭约、利落、明快，这是茶人益人之处。最重要的，养成要维护茶人之志，既在心志上做到与茶合一同体，又在志业上做到以奉茶为终身职业，始终如一地保持对茶的敬意、对茶人同侪的友善、对茶事活动的职业荣誉感。"守真"、"益俭"不仅让茶人获得了自我认同，也促使他们形成了职业归属，可以说这二者是茶人必须具备的基本茶德。

1. 茶德浅谈

首先需要对"茶德"概念做个简要说明。早在唐朝，一位叫刘贞亮（？—813年）的宦官总结了茶有十德，即"以茶散郁气，以茶驱睡气，以茶养生气，以茶除病气，以茶利礼仁，以茶表敬意，以茶尝滋味，以茶养身体，以茶可行道，以茶可雅志"。日本僧人惠上人（1173—1232年）是位华严宗的法师，他也归纳出了茶的十德：诸天加护、父母养孝、恶魔降伏、睡眠自除、五脏调和、无病息灾、朋友和合、正心修身、烦恼消减、临终不乱。现代人又是怎么理解"茶德"概念的呢？《百茶联》原创作者在天提出，茶德就是茶自身所具备的美德，他列出了茶有八德，分别是康、乐、甘、香、和、清、敬、美。

如果将"德"解释为"得"，或者更具体些，解释为"功能"、"功效"、"作用"，上述讲法都可以成立。如果从更为严谨的理论角度看，现代人讲"德"不再是古人所理解的"得"，而主要意指德性、德行，即通常是从品德、品质层面去认识的，从行为规范、人生价值层面去把握"德"，在此意义上的"德"只与作为主体的人相关，是人的一贯行为所表现出的稳定性倾向。因此，"茶德"就不再是茶本身的德（其实就是茶所具有的功效），而是茶人通过习茶、品茶所进行的品性方面的净化和跃升，具体包括心志、情绪、审美、信念等多方面的锤炼并达到精熟的水平。

"茶德"不是针对茶，而是针对茶人、茶者、喝茶并立志进行修身的人们来说的，所以，"茶德"一词也可以理解为中华茶道对茶人提出的精神品格要求，因此，"茶德"有时又等同于"茶人精神"。真正的茶人是通茶性、重自身涵养提升、立人立己、达人达己的儒学式谦谦君子。中华茶道承继了陆羽开创的"精行俭德"，不事张扬，不务奢华。借茶喻理，借茶论道，其核心是饮茶者自身要始终自比为茶，以茶的牺牲、低调、利他来比拟激励自身达至自爱节制。从中华茶道的历史源流上看，"茶人精神"或"茶德"完美地回应了儒学的伦理主张。

这样，完整的"茶德"就包括了不可分割的两个部分：茶人自身的反躬自省，不断精进，这是向内的；茶人对待茶友、茶客、茶事活动、茶叶茶器等一切关联茶的人或物表现出的礼仪敬重，这是向外的。显然，向内的方面是首要的，只有自身充实、内心圆满的茶人，他向外才会自然显现出周全的顾及、体面的通达。茶的美好是通过茶人优雅的举止谈吐、娴熟的冲泡技术予以揭示、呈现出来的。同样地，茶由不同的人冲泡或展示，所传达的讯息是完全不同的。茶人的茶德就是将自身投射到茶上，以茶喻己，以爱茶如己的心去感受茶，并将茶的美好传递给他人。不过，对初学茶的人、对涉茶较浅的人来说，对内与对外两个方面均需兼修，不可顾此失彼，否则，就会既无法抵达内心深处，形成持久、稳定的内在品质，也难以令周围的人安心愉悦。

2. 守真益俭乃茶人之本

陆羽在《茶经·六之饮》中说道："天育万物，皆有至妙。人之所工，但猎浅易。所庇者屋，屋精极；所著者衣，衣精极；所饱者饮食，食与酒皆精极之。茶有九难：一曰造，二曰别，三曰器，四曰火，五曰水，六曰炙，七曰末，八曰煮，九曰饮。"天化育万物，总会表现出人类智力无法企及的精美和奥妙，因为它常常采取难以完全被人的理性解释得通的方式。人愿意为所居住的房子、衣服、吃的饭菜酒肴花费精力，努力追求精极，常常难以如愿以偿。茶更是如此，要喝到一杯好茶难乎其难，因为至少有九个方面的困难，人类需要面对并去一一克服。通过类比说明的方式，陆羽一方面强调了人要以精极的方式喝到茶难乎其难，另一方面也是更重要的，他指出，要体会"天育万物"之妙，要守住茶之本性，顺茶性而为，即守真益俭，这才是人之工的努力目标。

中国古人对大自然的造化之妙有诸多赞叹，如"浑然天成"、"天造地设"，对人的努力作出的最高夸奖一定是"巧夺天工"。采茶、制茶、煮茶、饮茶……看似是人的活动，仿佛都是仰赖人力而为，其实不然，采茶之日的光照、制茶时的湿度、煮茶时的风向、饮茶时的天气等等，每个环节都离不开人力之外、天地自然的因素。任何一个因素不在状态，不处佳境，都会严重影响到茶的品质或口感。可见，喝到一杯好茶实属不易，一旦喝到，那真是千载难逢的机会，唯有感念上苍的眷顾和恩赐！于是，后人就不难理解陆羽在自己的穿着、食用上十分马虎，几近放浪形骸，却对茶百般呵护，他自己就设计和制作了24个不同的器具，其中涵盖了储茶、煮茶、泡茶、饮茶等全部环节，将这些茶器物一一备好、安顿妥当，不是对茶充满虔敬之心，他如何能够做到这些呢?!

中华茶道虽然存在地域的不同和茶类习俗的差异，但在文化传承和思想渊源上都源于古代儒者的雅文化，反映的是士大夫式的生活体验，即中国传统知识分子（又可以称为"文人"）的思维方式、价值观念。正是这些"劳心者"有精神追求的闲暇和自我实现的强烈愿望，有求真、直指本心的人格诉求，他们不仅成为了传统社会的精英和意见领袖，而且代表了民族文化发展和整体价值宣示的大方向，从而为全体民众树立了典雅、精致、妙曼生活方式的标杆。中国儒学、儒者及其影响下的中国传统文化总体上是肯定在自然而然中求真、通过发问内心守住本真。

"守真益俭"既艰难又简易。说它艰难在于，要始终如一、持之以恒地守住本真、本性，一般人很难做到；说它简易在于，在每日生活中、在日常行为中，多数人都是可以做到守真的，前者等同于古代先贤讲到的"为天地立心"，后者类似于历代儒者提倡的身体力行。"为天地立心"只是形上追求，是为学为人的大目标，大目标的实现需要配之以无数的小目标，这些小目标具体而微①，皆是人人可为的日常平凡事。"为天地立心"必不可少，无论如何要花费大力气去做，同时也要有落在实地的工夫，这就是"绝知此事要躬行"。这句话原本出自宋代著名诗人陆游所写的七绝《冬夜读书示子聿》，全诗如下："古人学问无遗力，少壮工夫老始成。纸上得来终觉浅，绝知此事要躬行。"陆游告诫他的孩子，一方面要持之以恒、坚持不懈地学习，才能有长进；另一方面还要学以致用，积极实践，身体力行，书本知识才能变成实际的智慧和个人的见识。宋代理学家朱熹也主张理论与实践、求学与做人紧密结合起来，他提出事事不得马虎，需在每件事上用功，因为"事变日新而无穷，安知他日之事，非吾辈之责乎？"在每件事上都保持"战战兢兢，如履薄冰"的敬意，认真投入地做好每件事，这正是儒学十分赞赏的"行有余力而学文"的生活态度。

我们主张守真益俭乃茶人之本，其理由如下：就茶给人提供的三味而言，真味是最高层次。饮茶是由滋味出发，获得咽苦回甘的体

---

① "具体而微"的说法源出于《孟子·公孙丑上》，原句是："冉牛、闵子、颜渊则具体而微。"意思是冉、闵、颜三人虽具有孔子的全部品德，但并未光大。以后用来泛指事物的内容已大体具备，但规模较小。在此处的意思主要是"具体并且非常细小"。

验；进到品味，进行茶事审美活动；最后达到真味，展开生命体悟。这三个层次分别对应着茶人的生理感觉、心理感受、精神感悟三个方面。守真不只是守住茶的本性，更要守住茶人作为茶者的本性，茶人以茶者自居，终身侍奉茶，不断排空干扰，去除杂念，直问内心，终至于澄明静心，观透茶相，成为纯粹的茶之守卫者。

我们在上文中已经指出，中华茶道注重寄情自然，借助采日月天地之精华的茶展开悟道的过程，有时还会扩及茶具、茶服、茶食等相关文化门类以及饮茶环境、茶室等空间场所，但最终落脚点都在品茶上，即茶汤本身。由饮茶过程中的先苦后甜之回甘体验，并以此类比人生，茶之真性始终没有遗忘，从而促成茶、人与境（自然之境、人生之境、茶室空间之境）圆融和合的状态。这其实也是中华茶人守真益俭这一茶德的再现。

3. 养身成人乃茶人之志

养身成人的缩略语就是"养成"。"养成"一词看似简单，却蕴含着丰富的文化内容。我们不妨对此概念的词源及演变做个简略的考察。"养"的繁体字为"養"，本义为饲养，我们的先民们通过驯化、饲养牛羊以获得动物食源。以后该字的含义被引申为"供养"老者长者之类尊长的人，如赡养、奉养。儒学还将"養"字赋予了道德含义，如"培养"，指长期教育或训练以获得特定的美德，这就是孟子掷地有声说到的"我善养吾浩然之气"。后人还将"养"字的含义扩大为"身心得到休息或滋补"，如"养精蓄锐"、"养伤"、"调养"。所以，今日人们所讲的"养成"之养，其实包含了三层意思：其一，休养生息。给过于劳累的身体放个假，做个养护，以便保持身心协调，精力旺盛，让身体重新焕发活力。

其二，养心静性。在心理上做减法，去掉负荷，排除无谓的压力，回到初心，保持良好、健康的心态。其三，修养成德。为自己设定一个不断向上的成人成德目标，从而在日常生活中反复提醒自己，警示自己，不松懈，成为更好的、理想的自己。

在大益八式的茶道研修中，"养成"具有两重含义。一个是物理层面，它指冲泡茶水的关键步骤，包括沸水淋茶、盖壶静候、闻香、识佳机，因为水温、冲泡时候的长短等都需要准确拿捏。于是，同样的茶叶，经不同茶道师之手冲泡出的茶味可能全然不同，这取决于茶道师的手法、经验和用心程度。另一个是精神层面，它指戒急戒躁，对治急于求成之弊。对茶人而言，动作的优雅、仪态的舒缓、身心的放松等等，无非是内心恬适的自然流露。喝茶者同样如此，当决定坐下来沏杯茶、品味茶带来的欢愉时，就需要放慢节奏，排除杂念，专注于茶，全身心享受与茶共处的时空。总之，"养成之式，包含了两个方面的内容：蓄积与勃发。当我们面前困难重重，出头之日遥不可及时，不妨在困境中沉下气来，专心致志地积聚力量，然后抓住恰当的机会，反弹向上，我们就能获得成功——这就是厚积薄发，反之，总是随波浮沉，或者怨天尤人，注定会被命运的风浪玩弄于股掌之上，直至筋疲力尽"①。

净水养茶，茶因水获得活力，激发出内含物质而得到全部释放，香气扑鼻而来，丰富营养融于茶汤待人饮用。在此期间，饮者需要按捺住心焦、急躁，要静候佳茗，这就是候汤的过程。此时要求静心屏气，一方面静观茶形、茶汤之变，欣赏茶器之美，感受茶室之精巧；另一方面则要调整气息，剔除杂念，放下纠缠，割舍断离，排空心绪，仅仅专注

---

① 吴远之：《大益八式：中国茶道研修方法》，中国书店 2014 年版，第 27 页。

一壶茶，将自己完全融入茶的天地之中。单纯从时间上看，这一过程并不长，短短数分钟甚至几十秒，但对有志于修养的茶人而言，这是一个"求放心"的过程，也是守茶住心、益身俭德的过程。这个过程就不能用物理意义上的时间来刻度，而是与个体生命意义的追问、人生价值的玩味紧密相关，每一次这样的养成过程就踏上了心灵的征程，给心灵注入能量。

"养成"的茶德不仅体现在大益八式的一个特定程式上，大益茶道也对此作出了进一步的阐述，从而说明茶人修茶悟道的重要性。具体而言，大益茶道提出了"茶者修为"的要求，从茶者使命、茶者职责、茶者修养、奉茶精神、大师的境界等五个方面作出了简明的规定。具体到"茶者修为"，大益茶道给出的要求是："从习悟茶之美妙，到升华品茗内涵，再到服务社会大众，要实现茶道境界的提升，茶者需要不断提高自身的综合素质与文化修养。"并且还用十分形象的类比来指示茶者修为所应当涵盖的多重人格象征，即农夫之厚实、工匠之巧能、文人气质、菩萨心肠。[1] 上述茶人修养的内容平实、方式简易，只要愿意，人人皆可做到，每个立志做茶人的人都可以加以对照找出差距，并克己修身，将自己打磨成名副其实的茶人。

中国传统儒学不仅设计了养成的目标，还提出了养成的可行方式，即养成的途径和方法。具体包括：（1）知天。张载曾云，"天道即性也，故思知人者不可不知天，能知天斯能知人矣。"[2]"天"是世间万象、人生百态的终极道理所在，必须时刻意识到"天"的存在，思虑来自天道

---

① 参见吴远之：《茶道九章》，中国书店 2015 年版，第 146—149 页。

② 《张载集》，中华书局 1978 年版，第 234 页。

的启示，活在苍天之下的人才能领悟人生至理。（2）尽性。人的本性亦如初生的婴儿（古人称之为"赤子"、"处子"），有对真善美的天然亲近，我们要努力去除功名利禄的束缚，倾听内心的原初的声音，做到思行合一，将本性的善活脱脱展示出来。（3）积善。刘备教导他的儿子"勿以善小而不为，勿以恶小而为之"，大善是由一件件小善积累而成，就像大恶是由一件件小恶堆积而成，所以，平时做每件事都要用心去做，做成一件是一件，修德一分是一分。（4）慎独。"慎"是指隐蔽处，"独"是指无人处，这两处都不在阳光下，常常无法被他人目睹，容易被当事人忽视。儒学主张防微杜渐，严于律己，这显然抓住了养成的要害和命门。东汉时有位官员叫杨震，他在调任东莱太守的途中经过昌邑，昌邑县令王密是他的门下，带上重礼去见他，杨震当场拒绝重礼，王密说，"暮夜无知者"。杨震回道，"天知、地知、你知、我知，怎说无知？"杨震就很好地做到了慎独，因为"天知地知"的原义就是"人在做天在看"，人在任何时候都不能抱侥幸心理，对自己的要求时刻不能放松，才能真正成为自己心目中的那个人。

中国古代士大夫的养成即养身茶人（或者说修养）提升的阶梯是"修身齐家治国平天下"。一般而言，"修身齐家"是个人可以掌控的，"治国平天下"则常常会受外力阻碍而难以实现，所以，对绝大多数儒者、儒士来说，退而求其次的理想就是"不为良相则为良医"，良相固然可以建功立业，良医同样可以悬壶济世，救人于疾患，造福黎民百姓。这样的儒学人生哲学千百年来对普通国人的影响甚深。例如，古往今来很多浸淫在茶界、茶业内的普通茶人们大多努力向上，以茶为载体修身养德，以茶为媒介服务社会。每一个以茶为业的人都努力"持杯益人"，小到为客人、来宾敬茶、行茶礼，在路口、庙门等地为行路者、过路人送上免费的茶汤，即施赠茶水的善举义行，为户外工作、长途远行的人送去关怀；大到修建凉亭、捐资助学、扶困解难，普惠施人，结果，相当一部分的茶人在上述一系列养身成人的言行中克己正己达至大善。

在自媒体时代，许多似是而非的观点通过微博、微信广为散播，不少人不加思考，看到有人传就信以为真，什么"岁月静好"、什么"一切都是最好的安排"，孤立地看这些话，也许有几分道理，但如果将他们当作普遍真理，当作人生的座右铭就大错特错了。试想不经过若干年的艰辛奋斗和青春时节的不懈努力，你如何有中老年之后静好的生活条件和工作环境？每个人生下来都是独立的个体，都需要自己设计和规划自己的人生，没有人能够为你安排一切，即便你有幸出生在物质条件优渥、文化熏陶深厚的家庭，你也必须靠自己走出别人所不能替代的人生轨迹。总之，每个人的人生都要靠自己去体验、去写就，即便有些大的局面无法改变，也有一些特定的结果无法祈求，但仍然有许多个人可以掌控的余地，个人至少可以对自己的周遭境遇、未来前景作出调整，从而交出自己的人生答卷。

三、身受：自厚薄责

传统儒学主张"人同此心，物同此理"，人与人之间、物与物之间皆有相互作用、彼此勾连的密切关系，因此，凡事均要设身处地、由己心推知人心，由他人之意反求自身作为。不过，设身处地也好，推己及人也罢，都只是将道理加以运用的类推方法，使用此方法还有一个总前提，这就是与人为善。由人之善端出发，用己心善意应对世间万象，类推之后才可得出增益他人福祉、反求自身之过的正向结果，否则就只不过是一味要求他人、自己却置身事外的伪君子。身受的核心在于自厚薄责。现代社会是一个高度匿名化的陌生人社会，个体差异得到彰显，集团组织的约束力大大减弱，社会信任的形态正在由私人信任转向公共信任，推己及人的出发点和作用方式确实受到了极大的挑战。因为将无数陌生人联系起来的纽带不再是熟人间的亲密情感，而是转向了借助各种正式制度（专家系统、市场机制、司法体系等），推己及人不再是放之四海而皆准的通用原则，它的实施领域将有所限制，越来越集中在人际交往的层面，特别是交往场域相对明确的人际关系之间，例如师生、同事、同学、同乡等。然而，尽管推己及人这一具体的类推法之使用受到了极大限制，但自厚薄责这一人际相处的原则却依然有效。

1. 茶味自知

在儒学的理论体系中，天地与人的关系是多重的，并非简单的、决定与被决定的单向关系。例如，从宇宙论上看，天地是静，人是动，天地不言，由人的言行来体现天地之意志，人是活跃的因子，但动制于静，人又受命于天地；从本体论上说，天地是万物的始基，人也由天地而生，然而，天地又是为人所设，天地与人互为推动者、相互依存不离；就认识论而言，人既是认识的主体，也是客体，同样，天地也身兼主客双重角色，当人进行格物致知的认识活动时，天地是对象，但人在进行尽心知性至诚修养的伦理活动时，人也成为了客体。总之，一方面人"可以与天地参"，另一方面人又"可以赞天地之化育"，天地人三者彼此共在共存。因此，天地与包括人在内的万物一道经历了成盛衰毁的无限循环过程，在"消息"、"变化"中成事成物，人与天地结成了你中有我、我中有你式的彼此纠缠、须臾不离的复杂关系。茶与人、品茶与修行的关系也可以置入天地人的关系之中，茶味自知，其实质也是饮茶者在深切感受天地人三者间的动态作用。

我们不得不承认这样一个基本事实：中华茶道的显著特点是对茶汤本身的极大关注，"道"的分量远远弱于"茶"，例如中国人品茶除了环境、器具之外，对茶本身的要求甚高，十分讲究茶叶的色、香、味、形。这是有客观原因的。中国地域广大，幅员辽阔，茶叶的制作方式千差万别，有蒸青、晒青、烘青、炒青、摇青等不同工艺，加之取材的差异和产地的差异，从而形成了茶叶的不同种类，包括了绿茶、黄茶、白茶、青茶、红茶、黑茶、普洱茶等。即便到了茶道阶段，历史上也曾出现过皇室茶道、贵族茶道、文人茶道、宗教茶道、庶民茶道等多种表现形式。这可以说是中国茶人的幸事，世上没有哪个国家能够拥有中国这么多的茶类、这么多的优茶名茶。不离茶味，同时向内追问茶理、茶德，这就是茶味自知、由茶及理的道理。

孔子在《论语》中留下了两句脍炙人口的名言。一句是"己所不欲，勿施于人"，一句是"己欲立而立人，己欲达而达人"。人们通常认为前句是消极的表达，强调不给他人添麻烦，以退为守式的待而不发；后句是积极的主张，肯定对他人增进好处或利益，主动施善行义举。这样的理解其实是站在现代人的立场作出的解读，有违孔子的本意。孔子还曾经说过"古之学者为己，今之学者为人"，在他的评价体系中，"古之学者"（古代的好学之人）通常指西周或尧舜禹三代时期的人，他们自然是"今之学者"学习、效仿的榜样。古之人的"为己"被置于受到褒奖、值得表彰的地位，这其实正是孔子思想的深邃之处。他充分意识到：只有从己出，由当事人内在的意志、心性出发，所做出的行为才具有真正的道德价值，因此，"己所不欲，勿施于人"与"己欲立而立人，己欲达而达人"并无高低之分，在它们都主张"不欲"或"所欲"的出发点是"己"，在肯定当事人的主体性这个意义上，两句话是等价的。今人喝茶并且以茶悟道也是同样的道理。他人说一千道一万，都不起什么作用，只有自己端起一杯茶静心品尝茶中滋味、感受其深意意境，或者为他人泡上一壶茶共同感受茶道的奇妙，才能从心底处体味到茶道真谛。换句话说，只有一口口将茶喝下去，同时细细品味咀嚼，假以时日，茶道的雏形自现于饮者心中。在茶道修行的世界中，立己才能立人，达己才能达人，利己益人原本就是相互增益的。

宋代硕儒张载曾言，"为天地立心，为生民立命，为往圣继绝学，为万世开太平"。这四句话与其说是其理论的系统阐述，毋宁说是他对自身儒学正统地位的立场宣示，他慷慨激昂地表达了誓与儒学共存亡的坚定信念。张载和当时的儒者们面临的一个重大历史困境是：如何迎接逐渐本土化的佛教之挑战？在佛教广为传布之际如何振兴儒学、重新赢得世人之心？张载抓住了儒学的几个关键词：天地、心、命、学，极其精准、洗练地概述了儒学的核心使命。天地是根本，但天地不言，需要人去把握并予以表达，"为天地立心"则是代天地言，通过人的所作所为，将天地变成活泼灵动的生命体，生生不息，流芳千秋。在天地流转中，生民百姓得以安位，道德文章得以延绵，往圣学问得以传承。本立末至，根深叶茂，事功作业随之而至，天下为治，太平世道由此确立。可见，"为天地立心"是原因，是出发点，"生民立命、继绝学、开太平"则是其结果，环环相扣，不可颠倒，不可造次。

台湾资深茶人李曙韵女士曾这样讲述自己的经历："味觉是可以适应的，老茶人每日浓啜数巡，几年下来感官难掩疲惫，口感则愈喝愈浓厚。于是每每察觉自己口感迟缓时，我总是以一程旅行让味蕾放空，非必要不轻易触碰茶汤，经过一段放逐留白后的第一杯茶汤，很多纯粹的味觉经验，将一一重现。"[①]李女士唯恐自己对茶的感受变得钝化和麻木，每隔一段时间都会警醒自己做减法，去除陈旧记忆，让味蕾休整后重新激活，从而又可以重新唤起对茶汤、茶味的全新感受。这样的做法，不仅体现了老茶人感官经验的深厚积淀，更再现了一个茶痴对茶永远保持赤子之心的执着。换句话说，就是永远追问"茶味的初相"，这不是针对茶叶本身，而是在自身上发力用功，始终保持对茶的初心。这十分符合儒学反求诸己的基本主张。儒学传统熏染下的中国茶人总是保持高度的虔敬之心，借茶悟理，由茶及人，在世间平凡事上实现内在的超越。

不难理解，再复杂的茶道都必须落实在简单却永不停止的行茶上。只有反复多次的冲泡，才能熟能生巧，练出独家绝活；只有经常探访、观察各种茶类，才能把握茶的品性。虽然每个人对茶类的好恶不同，但对茶的认识仍然有许多共性、客观性的知识内容，共性、客观性的茶类知识越丰富，对茶的品鉴的主观性才有更深厚的根基和原由。"感受茶汤入口后的真实的、自然的、纯粹的、本性的变化，领略茶性独一无二的色、香、味的美好，体验回甘、生津、舌底鸣泉之各种滋味的巧妙转换及茶性茶气，如同感悟人生的沉浮与变换。"[②]

我们注意到，国内多数的茶艺流程或茶道程式中都有茶师自饮所泡茶汤的步骤，这是富有深意的细节。茶师冲泡茶汤，不仅是为客人、为

---

① 李曙韵：《茶味的初相》，安徽人民出版社 2013 年版。

② 吴远之主编：《时尚茶道》，云南科技出版社 2011 年版。

宾朋，同时也是为自己。茶味自知，必须亲自品尝自己冲泡出来的茶汤，才会有直观感受，一方面不断总结出汤的时机、投茶的量、水温的度等因素，在技术上持续改进和提高，另一方面则可以与茶侣、宾客有了实在的谈资，围绕茶而展开的话题将拉近彼此的距离，促使茶师借助他人视角反躬自省，获得锤炼和提升。茶味自知是身受的起步，也是最为关键的开始。

2. 明德始于自厚

从茶人的心路历程而言，在修茶明德中，修茶只是明德的方便法门，核心依然在明德上。不过，茶人的修茶明德过程并非闭门造车，相反，这个过程既要获得自我内心的成长（养成），又要与他人同侪相互切磋（身受）。"身受"还是茶人扩充德性、光大宏图的路径，由此将明德予以现实化。在具体行为上，身受的要点有两个方面：其一是自厚，其二是薄责。一方面是努力向内挖掘潜力，凡事首先看到自己的不足，保持清醒的自省意识；另一方面是宽以待人，不迁怒，对他人的缺陷抱以善意理解。

自厚或薄责都源于"仁"的精神。众所周知，以孔孟为代表的中国传统儒学通常又被称为"仁学"，因为"仁"在孔孟的思想体系中占据十分重要的地位。孔子说："人而不仁，如礼何？人而不仁，如乐何？"（《论语·八佾》）。必须要有"仁"做内核，礼才能发挥积极作用。孔子在不同场合、从不同角度对"仁"的内涵做了揭示，从而强调了自厚或薄责的不同方面。例如，樊迟问仁，孔子说："爱人"（《论语·颜渊》）这是说明仁的最普遍含义是心中有他人、努力施爱于他人。孔子说："仁远乎哉？我欲仁，斯仁至矣！"（《论语·述而》）这强调了仁由己出，当事人心意决绝地认同"仁"，就会践行并获得仁。子张问仁于孔子，孔子说："能行五者于天下，为仁矣"。子张问是哪五者，孔子说："恭、宽、信、敏、惠。恭则不侮，宽则得众，信则人任焉，敏则有功，惠则足以使人。"（《论语·阳货》）宋代的程伊川从"仁"引出天下至理，他说："仁者，天下之公，善之本业。""只为公则物我兼照故仁；所以能恕，所以能爱；恕则仁之施，爱则仁之用也。"（《近思录》卷2引）总之，仁是自厚或薄责的立论根据，仁之发端则直接带来了自厚或薄责这些日常践行的要求。

大益八式中的"身受"同样也包含了儒学"仁"的精神。"身受"就是要求我们时刻放下自己，将他人与自己置于同一视域之中，努力换位思考，设身处地，将心比心，用同理心投射到他人他事上，通过共感、移情，与他人平等交流，学会理解他人的真实想法。切忌唯我独尊，喧宾夺主。如果以我之好恶取代对周遭事物的客观认识，陷入我—对／他—错式截然二分的双重标准，双眼就会被遮蔽，无法获得平静的心，更无法作出公正、合理的判断。"身"已倾斜，就难以坦然承受来自外界的客观讯息。

然而，我们今日所身处其中的现代社会正在发生诸多重大变化，这也对我们如何继承中华传统儒学提出了新课题。与传统农耕时代相比，现代工业社会不仅规矩变得更多更细，在性质上也有了极大的不同，工业时代的规矩大多与公共生活、社会领域的事项有关，私人领域的事务都交给了个人自治，与公众利益无关的事务悉听尊便。在现代工业社会，个人的自由度似乎提高了，但与此同时，社会生活被纳入无处不在的规矩、法律、习俗的制约之下，人们在社会领域行动、与他人交往反而增加了更多的限制。成形于农耕时代和熟人社会的传统儒学必须作出创造性转换才可以焕发出新的生命力。

如果将讨论的范围缩小，具体来看茶人的世界，就会发现，茶礼似乎也面临着类似的问题。毫无疑问，在茶事中，茶礼是举足轻重的，一定意义上可以说，茶礼是茶人展示于外人的最直观形式，因此也具有最直白的外显特征，所以，茶人会花相当长的时间去演习、掌握茶礼并用心体会。茶人的修养首要的一个方面就是习得茶礼，并时时处处遵循茶礼。同样，在茶道领域，不仅茶人间交往、茶生活方式或者茶艺做法等等，也有许多正式／非正式、成文／不成文的规矩或章法。今日的茶人们需要面对的问题是：如何看待传统形成的茶礼？在新时代如何继承和发展茶礼？有些人简单地将必要的程式、仪式、礼节当作繁文缛节，嗤之以鼻，完全抛弃，这显然是失之片面的。

虽然品茶的重点是品而非茶，但品茶是有一系列规定和礼仪方面的要求的，茶人尤其要遵守这些要求，不可怠慢，否则，就将自己混迹于常人或非茶人之列了。即便是一代茶圣，陆羽本人也曾因衣着不整而受人奚落。封演在《封氏闻见记》中记载，御史大夫李季卿到江南考察，经人推荐请常伯熊到官府煎茶，常氏"著黄被衫，乌纱帽"，令左右刮目，受到了礼遇。过些日子，又经人推荐请陆羽来煎茶，陆氏"身衣野服"，"李公心鄙之。茶毕，命奴子取钱三十文酬煎茶博士"。[①]陆羽因衣冠不整而被视为下人、乞丐。陆羽过于率性妄为以至于不修边幅，招致他人的反感。可见，茶人在向他人展示茶道时也应守规矩、行礼仪，因为这是对他人的尊重，只有敬人才会得到他人的敬重。

① 封演撰：《封氏闻见记校注》，赵贞信校注，中华书局2005年版。

茶人的修养通常采取两个途径。一个途径是落实行动，采取每日操练的方式，即进行茶道仪式或者茶艺流程的反复练习。练习中，严谨地完成每个动作，一丝不苟地做好每一个细节。自 20 世纪 80 年代以来，全国各地出现了多种茶道仪式或茶艺流程，如台湾知名茶人范增平先生提出并向大陆广泛传播的"三段十八步行茶法"、台湾蔡荣章先生的"无我茶会"泡茶法、流行于福建的武夷茶艺、广东潮汕地区的工夫茶艺、大益茶道院推出的大益八式等等。上述这些茶艺或茶道都给出了各自的固定步骤，在具体的做法、环节、流程等方面虽各有不同，但背后的基本精神却有不少相似之处或共通点，例如都要求习茶者仪态大方、仪表整洁、仪容端庄，对客人表达敬意，客人则要回以谢意并点头屈身致谢，等等。任何茶人在经过慎重考虑和多方比较之后，选定了某种茶道仪式或者跟定了某位茶道师，剩下的就是反复练习，用心体会，掌握本派茶道的精神，体会创始者的良苦用心，成为合格的继承者或优秀的传人。另一个途径是慎独，即时刻提醒自己端正心机，保持对茶道的恭敬不二之心。"慎"指在细小处、在每一个有可能疏忽的地方下工夫，"独"指在无人处，在无人监督时仍然一板一眼去做。"慎独"的茶人有独立的精神，因为他可以做到自己为自己立法。向内用力，向自身挖掘潜力。在规矩面前老老实实，不去钻规矩的漏洞，或挑规矩的瑕疵，而是凡事当前首先反躬自省，将规矩内化于心，成为规矩的主人，而非被动的服从者或充满敌意的挑剔者。

在今日中国，品茶的规矩或礼仪，从具体做法上看，各地差别很大，不同流派、不同门类也各自有别，除了极个别的情况，绝大多数茶道流派和门类各有所长，演习不同茶道流派的茶人之间完全不必持存门户之见。对于茶人来说，这些差别或不同只是表面的，殊途同归，"条条道路通罗马"，大家要实现的茶道基本精神是相似或共同的，只是具体的行路工具或载道方式有所不同罢了。如果你选择了某位茶道宗师，或者决定演习某个茶道流派，你都必须首先严格按照既有、通用的流程、仪式去做，务必在每个细节上做到精准，在逐步提高、熟练后，才可以加上自己个人的理解，或者借鉴其他人优秀的成分，加以融合创造，形成具有自己个人风格或韵味的行茶法。当然，你可能仍然不满足于此，还继续不断超越自己，当你在行茶理念、茶道规矩的基本精神等重要方面都有了自己的独特理解，同时发展出了表达这些理念、基本精神的具体专门化的流程时，你就达到了"青出于蓝而胜于蓝"的水平，有望自立门户、自成门派，自此茶道界可能就多了一个打上了你的思想烙印的新流派。不过，要做到此点难乎其难，无数人有此梦想，也有无数人此前做过类似的尝试和努力，但真正成功者少之又少，因为要成为一个茶道新流派，不是当事人的自我标榜或自说自话，还要得到茶道界同仁的广泛认可。他们引用你的观点，学习你的行茶法，这时才意味着你的茶道思想有了拥趸者和追随者，但要做到这些，更多靠的是思想的穿透力、信仰的感染力以及个人的人格魅力。

品茶不同于日常生活中的解渴式喝茶，完整的品茶活动包括备器、择水、取火、候汤、赏干茶、试新汤、敬来宾等一系列程式和技艺，所以，品茶显示了生活中的唯美追求，在平凡生活中注入唯美、典雅的生活情趣。当然，这样的审美是复合式的审美，是真善美的合一。例如，"真"体现在茶好、器洁、室净等各个方面；"善"体现在主人展示出来的厚道、分享、奉献等德性上，以及来宾所表现出的恭敬、谦让等品性上；"美"则体现在身处茶室环境，轻松品茶带来的怡情、乐活感受，体现出对秀美的倾心向往。所以，品茶可以让人获得真善美的陶冶，茶人每次习茶就相当于做一次心灵体操，身心在品茶过程中得以净化和提升。茶人的自厚并非只是一味的自我牺牲，他们同时也将获得圆满、惬意的精神享受。

　　茶人的感受和认知有时候是跨越国界、具有共通性的内容的。日本知名茶人井伊直弼在《茶汤一会集》一书中提出了一个概念，叫"独坐"。在茶事活动结束后，主客一一话别，茶主再度回到茶室，独自面对茶席，想起刚刚结束的茶会上林林总总的很多事情，追忆茶会的诸多细节，回想起主客互动的点点滴滴，记起客人容光焕发的音容笑貌，一方面他会努力留住茶会间美好的记忆，另一方面则无限感慨和伤怀无法留住的瞬间，人去室空，人走茶凉，种种思绪涌上心头，难以自抑，唯有重新添薪续茶，为自己独自泡出一杯茶汤，将自己融化在茶汤中，又一次感受到天地之中人的伟大与渺小，世间可能与不可能，人生的有限与无限等事物的多种面相，个人的精神世界由此得以扩充。正是在独坐、静思中，茶人得以检视自己，自责自省，情感在纯粹中回味，精神在寂寥中得以升华。

　　笔者曾多次观摩国内的茶艺表演活动和大型的茶博会、茶奥会，也亲自拜师学习过一些茶艺实际操作流程，发现大部分茶艺演示、茶道流程虽然设计了施茶者或主茶者（茶席主）自留一杯茶，或者是在向宾客敬茶、奉茶之后茶席主端起身边茶杯自饮之类的环节，这无疑包含了敬重宾客、他人优先的意识，但似乎还不够。大益八式中的"身受"就十分独特，它是在茶汤调制完毕后，茶者先于宾客自行品尝一杯的步骤。"先己后人，利己益人"，这显然更符合儒学的价值理念。茶人亲受第一杯茶，重在感悟，成败得失，皆坦然面对。其背后的理念十分符合我们所主张的"明德始于自厚"。其实，茶汤好坏，茶者本人是有丰富知识和直接经验可以比较准确感受到的，从而也可以先于客人准确地作出判断。他若亲口一尝，出现了过淡过浓、过苦过甜等情形，即刻便知，而且也很快能够找到症结所在或因由。马上重新冲泡一壶，定能克服上述不足。总之，要为客人端出最佳口感的茶汤，才是茶者的初心和本意。茶者的舌尖和鼻翼接受到好茶，他向宾客传递的讯息也会变得鲜活、灵动起来。

3. 明德落脚于薄责

自厚薄责，这可以说是《论语》的基本精神所在。明德落脚于薄责，茶人以此勉励精进，就会发现自己缓慢发生了显著变化：性格变得柔和了，与人相处变得顺畅了，办事能力也有了显著的长进，这一切得益于茶人的薄责，不仅与茶性更吻合了，而且因减少了与他人的直接对抗，降低了对客观世界的执拗而获得了新的力量。这就是中国古人十分推崇的以柔克刚、以守为进的人生智慧。尽管修茶明德不能解决茶界的宏观问题或者全部的茶人自身的个人问题，但仍然是值得肯定的努力方向。就茶人来说，修茶明德实在是个人唯一可以把控的事，修茶一寸明德一尺，得寸进尺，茶人的思想成熟、精神圆满就指日可待。

薄责的核心首先在于守规矩，特别是要盯住自身始终遵守规矩。俗话说，无规矩不成方圆。要画出完美的正方形离不开矩，要画出理想的圆形就离不开规，矩和规分别是画方或画圆绝对必不可少的工具。在中国人的日常语言中，很好地做成了一件事即以正确的方式做对了事，就叫守规矩、明事理。在所有的文明社会，总会借助不同的渠道和手段设立各种各样的规矩以引导社会成员的合宜行为，促成社会期望的规范秩序。无论现代法治社会，还是传统礼仪社会，其实反映的是处于不同历史时期和文化背景下的特定人群逐渐发展出来的规矩体系，以及人们对社会通行的规矩属性所给出的总体评价。总之，凡事之前一定要先立规矩，有规矩才知如何作为，作为后如何衡量，衡量后给予怎样的奖惩处置。规矩的作用就是孔子主张的"名正言顺"。

中国传统社会的绝大多数规矩都是以儒学义理为思想基础的，其中一个重要内容就是由儒学所建立并极力维护的礼制。礼制包括了当时中国社会各个领域中繁复的礼仪、行为规定、祭礼仪程等等内容，以便将各类人的各种不同的社会生活角色一一确定下来，这些内容充分体现在儒学的一系列重要典籍之中，例如《礼记》就是其中最为重要的代表。孔子"述而不作"，他将自己一生的志业追求总结为"克己复礼"，相信"不知礼，无以立"（《论语·泰伯》），因此，他主张"非礼勿视，非礼勿听，非礼勿言，非礼勿动"（《论语·颜渊》）。在现代中国，礼仍然是必要的。经过批判性继承后的儒学之礼在今天有着独特的价值。陈来先生指出："礼就是文化、文明。古礼包含大量行为细节的规定、礼仪举止的规定，人在一定场景下的进退揖让、语词应答、程式次序、手足举措皆须按礼仪举止的规定而行，显示出发达的行为形式化的特色。这些规定在一个人孩提起开始学习，养成为一种艺术，而这种行为的艺术在那个时代是一种文明，一种文化上的教养。"①

中国古代自称是"礼仪之邦"，但非常可惜的是，今日的中国已经很难说是"礼仪之邦"了，战争、内乱和激进的革命都不断摧毁礼仪在生活中的地位，懂礼、行礼的人不再是众人效仿的楷模，礼仪已经远离了多数中国人的日常生活。我们提倡复兴中华茶文化、推广中华茶道，

①　陈来：《北京·国学·大学》，北京大学出版社 2012 年版，第 47 页。

其中一个目的正是要恢复茶礼所负载的中华礼仪文化。在历史上，中华茶文化充分吸收了儒学的礼制思想，发展出了丰富的茶礼。在社会生活领域，茶礼首先体现在接待客人上，这就是客来敬茶、迎来送往的礼仪要求。其次体现在人情往来上，即向尊长、亲友馈赠茶品，还有就是朋辈、同侪间联谊性质的"茶会"（也可以叫"茶宴"、"茶集"）。据记载，茶会最早出现在唐朝，《全唐诗》中有多首诗描写了当时的茶会情景，如钱起的《过长孙宅与朗上人茶会》、武之衡的《资圣寺贲法师晚春茶会》、刘长卿的《惠福寺与陈留诸官茶会》，等等。在民间习俗方面，则有婚礼中的敬茶礼、定亲时的茶聘礼等；在精神信仰层面，中国传统社会曾经长期沿用的祭祀茶礼，如丧葬时的茶祭品、茶随葬品；此外，茶叶、茶汤还被广泛运用在祭天、祭地、祭祖、祭神、祭仙、祭佛等祭祀活动中。上述茶礼在今日中国各地（特别是偏远山区、少数民族聚居地等）仍然可以看到一些痕迹或遗迹，这体现了一般通行的社会生活方式或日常生活世界的惯例、习俗。茶礼成为了礼俗世界的象征，构成了庶民日用生活的一个部分，这样的生活世界场景正是儒学"礼尚往来"、"天地君亲师"、"慎终追远"等观念的具体再现和表达。

众所周知，中国传统儒学始终将人放置在思考问题的中心地位，这里的人包括了自己、他人、陌生人等一切人。孔子在马厩失火后问的第一句话是"伤人乎？不问马"，体现的正是儒学一贯主张的朴素人本主义。然而，人非我，我怎么能够理解他人呢？我非他人，我理解的他人怎么就是真的他人呢？庄子与惠施之间曾有"子非鱼安知鱼之乐"的妙论，庄子准确指出了人之间（你、我、他）、物之间的截然不同，但他忽视了人与人之间甚至人与物之间也可以有相通、互通之处，作出沟通、互联的主体正是人。儒学对此类问题的回答是人具有同理心，可以与他人或外物产生共感或同情，这一解决方案显然有别于现代科学的理性方式，换句话说，儒学采取的是"人同此心、物同此理"的移情这样的非理性方式。不过，这一点恰恰也是很多人常常误解中华传统文化、中华茶道，将它仅仅视为美学体验的一个重要原因。饮茶美学或茶事美学当然存在，但茶道的真谛还是精神性的观念表达。品茶过程中茶者（包括茶人、茶客、茶主）的思想沟通不是靠语言传递，而是靠精神共感、情感共鸣，这样的情感分享与特定的场景及其要素相匹配，它是以彼此共在、在场为其表现形式的。①

　　陆羽说道："夫珍鲜馥烈者，其碗数三；次之者，碗数五。若座客数至五，行三碗；至七，行五碗。"（《茶经·六之饮》）因当时喝的主要是绿茶，所以，好茶也只能煎煮三回。重要的是，唐代盛行的喝茶方式是"轮饮"，即主客共用茶碗、依次传递茶碗轮着喝，陆羽主张茶碗要比来客少两个，这样，传得快，茶味不会很快散去。我们常说"相濡以沫"，其实，它最初描述的就是当时大家共碗同饮茶汤的情形。白居易在《山泉煎茶有怀》一诗中写道："坐酌泠泠水，看煎瑟瑟尘。无由持一碗，寄与爱茶人。"整首诗描述的是白居易喝着茶想起了亲朋挚友的情景。白居易出神地望着清澈的泉水、扬起的碧绿茶粉，当他端起一碗煎好的茶，心想寄给远方的爱茶友人，不需要什么理由，只是看着茶汤、喝着茶水，想起了远方的挚友。眼前的茶、远方的人，本来不在同一时空下，二者并没有交集，但白居易用意象、想象和移情将他们联系了起来。他品茶不只是感受到茶汤之美，同时也深切感受到对友人的关怀和思念。

---

　　① 参见李萍：《论中国茶道对儒家自然观的扬弃》，《北京科技大学学报》2016 年第 1 期。

第四章

摇着正化

明文徵明《惠山茶会图》（局部）

人是社会性的动物，只有与他者在后天社会中发生关系、建立关联，产生情感上的交融与行为上的互动，才能够使自己成为社会中的一员，并于社会生活中找寻存在的意义，实现自我价值。依托于中国传统社会生态，儒学文化更是强调人际间的情感关联与伦理互动，儒学理念下的人，不再是孤独的存在，而是敞开自身，融入群体、社会、天地之间，将"成己"、"成人"、"成物"相统合，以实现和合的理想境界。茶，自然是亲朋欢聚、人际交往的良媒，由茶发展出来的茶礼、茶俗、茶德等具有明确的人伦指向，人们以茶会友，以茶示敬，以茶致和，以茶化民成俗……在此过程中得以援茶正伦，通过茶道来呼应、彰显儒学所宣示和守望的伦理精神与社会规范，使我们的社会生活充满更多的温情敬意。

一、茶中见人伦

与西方个人主义的传统不同，在中国文化生态下萌生的儒学并不孤立地对待自身，而是将个我置于群体之中，以关系论、义务论的规约来立身行事，遂使伦理本位成为中国文化传统中最为典型的特征。茶的自然品性、生理功效以及表征出来的道德内涵与人文意向，使其成为人伦交往的绝佳载体与适宜媒介，被运用到社会交往活动的各个面向。

1. 客来奉茶的情谊

客来奉茶，是国人待人迎客的第一事，经过千年的传承、习俗的熏染，这种待客礼俗早已浸入人们的血液之中，成为一种不假思索的自然习惯。通过奉一杯清茶，以如此优雅、俭素的方式来表达内心深处对亲朋故旧的绵绵厚意与缕缕情思。"寒夜客来茶当酒，竹炉汤沸火初红"，宋人杜耒的一首《寒夜》，道尽了寒冬时节，夜半客访，主客煮茗对谈的浓情雅趣。此时此刻，此情此景，老友相见，如缺少了竹炉中那沸腾的茶汤，彼此之间的心境与思绪一定打了不少折扣。在中国文化传统中，饮茶品茗是人伦交往的重要媒介和互动方式，客来奉茶早已成为日常生活中基本的交往礼仪。宋代《南窗纪谈》中就写道，"客至则设茶，欲去则设汤，不知起于何时。然上自官府，下至闾里，莫之或废"。无论是《晋中兴书》陆纳以茶果招待谢安，还是苏轼以近臣才可分得的新茶为友人程朝奉之母贺寿（见《新茶送签判程朝奉以馈其母有诗相谢次韵答之》），都可以看出茶不仅成为友人之间情意沟通的佳品，而且茶之洁静清雅的品性更是表达出君子之交的质朴雅尚。

前文我们曾经讲到，西方社会的工具理性精神为了确保精确的计算和纯粹的程序，尽可能避免人为因素的影响，从而摒弃了人际情感与伦理关系。不同于此，在儒学影响下的社会生活中培养起来的是一种情理精神气质，尤为重视彼此之间的温情与关爱，人们以情为理、以理释情，从而做到合情合理、通情达理。儒学精神将后天的一切社会行为规范都建立在真情实感的基础之上，充满着对道德情感的强调。"如果说西方主流哲学总是倾向于把伦理德性归结为理性认知、自由意志，孔子哲学和儒家伦理却极大地突显了包括'忠孝仁义'在内的种种伦理规范的情感意蕴"①。对于情的观照与考量在儒学典籍中比比皆是，如《论语·子路》篇中记载，叶公对孔子说："吾党有直躬者，其父攘羊，而子证之。"孔子说："吾党之直者，异于是，父为子隐，子为父隐，直在其中矣。"在孔子看来，真正的直率坦白之人，在发现父亲偷羊之后，应该做的不是检举告发而是替自己的父亲藏匿隐瞒。虽然这与现代法律思想与管理理念有一定的出入，但儒学之所以强调"父为子隐，子为父隐"的价值理念与行为选择，恰是因为亲子关系是人伦之间最亲密、最本源的关系，孝道更是人世间最纯粹、最深厚的感情，如其子揭发了父亲的攘羊之行，必然乖违了自身的情感本能，而远离了人的良善本性。因此，朱熹就曾将"父子相隐"看作是"天理人情之至"。李泽厚先生则明确提出儒学的"情本体"哲学思想，认为儒学将"这种人情情感本身当做最后的实在和人道的本性"，"不仅把一种自然生物亲子关系予以社会化，而且还要求把体现这种社会化关系的具体制度（"礼乐"）予以内在的情感化、心理化，并把它当做人的最后实在和最高本体"②。

　　源自于中国本土的中华茶道，契合了本土文化中的伦理精神，吸收了儒学的情感哲学，以温润醇厚的茶汤来表达人与人之间的情谊。所谓"有朋自远方来，不亦乐乎"？这种亲朋相见时源自心底的愉悦，需

---

① 刘清平：《忠孝与仁义——儒家伦理批判》，复旦大学出版社 2012 年版，第 44 页。
② 李泽厚：《哲学纲要》，北京大学出版社 2011 年版，第 318 页。

要通过恰当的外在方式来表达，茶的咽苦回甘之味、清幽超凡之质，使得客来奉茶成为主客之间心照不宣、心领神会的情感表达方式，一杯清茶表达的不仅是彼此的情谊，更是借茶之品性彰显出此情此谊的雅尚德馨。儒学所言之情，一方面，情出于性，是主体本心本性之中真情实感的萌动，人的道德情感、善良意志正彰显出属于人的专属类本质。另一方面，"人类生命廓然与物同体，其情无所不到"①，主体之我从心底萌发的情感，又在与他者的交往中，在社会的互动中，有理有节地涌发出来，将此心此情投射、传递到亲朋故旧身上。在客来奉茶中，情谊的生成与表达也同样是由内而外的过程。首先，为了表达亲朋到访的欣喜、愉悦，我们需要用心泡上一壶茶，这壶茶不是干茶与沸水的简单相遇，而是融入了茶人的情感体验、心灵体悟，因此应付不得，也马虎不得。接着，当主人将这杯饱含着自己心绪和情思的茶汤双手奉送到友人手中之时，温润的茶汤代表着情感的传递。于是，主客在这奉受之间，于相对品啜之中，产生情感的交融、共鸣、深化，将彼此之间的深情厚谊融化到了甘醇的茶汤中。

对于中华茶道所凸显的伦理情谊，我们可通过与日本茶道中的"侘茶"比较来看。侘茶是日本茶道的初名，其表达的是一种孤独、贫苦、落寞的情绪体验，因而日本茶道的最高境界是"寂"，意在独自一人去感知大千世界的幻灭与寂静，享受一种空寂孤独的乐趣。李泽厚先生在《己卯五说》中讲道，"日本茶道'和敬清寂'，一举手、一投足的精心苦练，都是在刻意追求禅境的寂灭和超越"②。而受儒学精神影响下的中

---

① 梁漱溟：《中国文化要义》，上海人民出版社 2011 年版，第 211 页。

② 李泽厚：《历史本体论　己卯五说》，三联书店 2006 年版，第 329 页。

华茶道，所努力表达的不是日本"侘茶"中独与苍天言的孤寂落寞，不是一种无依无靠的悲凉超脱，而是用茶去联结人伦之间的关系与情谊。中华茶人从来不是孤立和孤独的存在，而是社会生活中的品饮者，茶于其中的作用，更多的是表达群际间的交融与和乐，彰显伦理生活中的规范与节操，这才是中华茶道孜孜以求的初心。

2. 茶事的伦理意义

受自身独特文化特质的影响，特别是占主导地位的儒学思想的全面浸染，中华民族在长期的社会发展与历史积淀中形成了伦理本位的文化传统。张岱年先生曾指出："半封建的大陆性地域、农业经济格局、宗法与专制的社会组织结构相互影响和制约，形成了一个稳定的生存系统，与这个文化传统相适应，孕育了伦理类型的中国传统文化。"[①]对伦理关联的重视，使得中国传统社会中人们的关系始于血缘家庭却不止于家庭，而是通过推己及人、将心比心，将对亲人的深情厚谊向外推扩出去，在社会生活中建构起庞大而密切的伦理关系网。在以伦理和道德为重的中国社会，人们所注重的不是西方社会的契约和法律，而是情理与礼俗，这也正是儒学思想的基本特质。人们所强调的是彼此之间的伦理关系，看重的是彼此之间的义务而非权利。梁漱溟先生讲道："在西洋，个人主张自己权利而互以义务课于对方；在中国，个人以自尽其义务为先，权利则待对方赋予。是其一趋于让，一趋于争，固已显然不同。"[②]

内在理念需要外在有形的样态予以表达显现，在诸多能够反映中国

---

① 张岱年、方克立主编：《中国文化概论》，北京师范大学出版社 1994 年版，第 32 页。
② 梁漱溟：《中国文化要义》，上海人民出版社 2011 年版，第 192 页。

传统伦理精神的生活事物、艺术活动之中，茶事无疑是集日常性、艺术性、精神性于一体的典型代表。中华茶道中蕴含着丰厚的伦理精神，众多茶文化学者也多以"和"、"敬"、"融"、"伦"等词汇来表述中华茶道中所含的人际情感与伦理关怀。陈文华先生曾指出，茶文化在人伦交往中具有敬客、敦亲、睦邻、赠友、联谊、示爱等多重功用。有关茶道对人伦的调和，台湾林荆南教授曾做过详尽的解析："茶之功用，系敦睦人际关系的津梁：古有贡茶以事君，君有赐茶以敬臣；居家，子媳奉茶汤以事父母；夫唱妇随，时为伉俪饮；兄以茶友弟，弟以茶恭兄；朋友往来，以茶联欢。今举茶为饮，合乎五伦十义，则茶有全天下义的功用，不是任何事物可以替代的。"[①] 由此可以看出，中国传统生活中众多人际互动的开展、伦理关系的维系、社会事项的开展、道德精神的彰显等，都可以以茶为媒、借茶正伦。

就儒学内在的精神义理而言，其对伦理精神的关注有两个重要面向。首先，是关系双方彼此亲密情感的流露表达，彼此之间在长期的相知相亲中形成了深厚的伦理感情，主体内在产生出一种情理精神。"伦理的社会就是重情谊的社会。在中国社会处处见彼此相与之情者，在西洋社会却处处见出人与人相对之势"[②]。反映在茶生活方式中，则是茶友、茶侣之间通过共同的茶事活动而产生的亲密感情与和乐氛围，茶为彼此提供了相聚的契机、交流的话题，友人在品饮中共参茶道，获得精神上的共在共感。其次，儒学所言的伦理对人们之间的差异、交互活动的秩序等具有明确的规定，并以此为基础形成了相应的礼俗作为人们行

---

① 蔡荣章：《现代茶艺》，台湾中视文化公司 1987 年版，第 200 页。

② 梁漱溟：《中国文化要义》，上海人民出版社 2011 年版，第 86 页。

动的依据。"伦"字在古代汉语之中本义为"辈",许慎在《说文解字》中就讲到"伦,辈也"。清代段玉裁注释曰:"军发车百两为辈。引伸之,同类之次曰辈"。可见"伦"是一种人与人之间上下高低的差等次序,伦理正是体现人伦关系之中这些差序和等级的规则和道理。中国传统社会特别强调对人伦等级的区分,每个人必须明确自己在伦理关系网中的身份和角色并依此行事,做到不失其伦、不僭其位,这种对伦理等级的强调通过礼的形式加以保障,通过礼来正名,去规范人们之间的关系地位。在中华茶道中,也鲜明地表现出儒学伦理所强调的差异性与秩序性。茶事活动不仅有着不同茶类、不同茶器、不同技艺、不同时空等,而且还涵摄茶人的不同心境及其所面对的不同茶客,在此情此景之下,决不能不加甄别地粗放对待,而是需要用心感悟其间的差别、方寸,保证冲泡的每一杯茶都不一样,都有着自身的专属性,都是在不同情境之下,为不同友人私人定制的。所谓"礼别异,乐和同",茶事活动中的茶礼仪则,正是通过一系列严谨而素雅的程序规定,使主客在从容愉悦的仪式中展开恰如其分、恰到好处的交往互动,进而营造出安适和谐的秩序。

值得一提的是,茶事生活在现代社会具有特别的伦理意义。在现代化进程中,社会结构发生剧烈转型,人们脱离了原本熟悉的血缘家族而进入陌生人社会,受西方价值观念的冲击,以往的伦理观念、礼俗传统,在很大程度上也被纯粹的工具理性与绝对的利益算计所取代。一方面,在现代化的冲击之下,很多人丧失了德性自觉、人文关怀等人之为人的美好向度而沦为工具性存在;另一方面,人与人之间的关联变得愈发冷淡和微弱,传统社会中人们基于深情厚谊的互助协作不复存在,美国学者布坎南对此分析道:"在那里,感情是愚蠢的,最重要的只有生存。在这些精英们的眼里，男男女女不再是家人、朋友、邻居、公民，而是消费者和生产要素。"①居于高楼林立的城市生活之中，到处都是不再熟悉的人、无法预知的事，冷漠的目光和孤单的身影使人们丢失了以往的安全感与归属感，在这样的社会处境中，茶馆茶楼、茶会茶席的存在，茶事活动的展开，将有助于过分原子化和功利化的现代人重新开启社群生活，并于其中培植内在的道德感与亲和力。人们在一杯清茶中，有了共同的话题，有了相同的爱好，进而有了情感与精神的交汇融通，这在一定程度上恢复了传统社会中温情脉脉的社群连带。因此，在现代社会中茶事生活的开展，中华茶道的显扬，对于修补现代化所造成的情感冷漠与人际疏离，并重新复苏中华文明悠远博大的伦理传统具有特别的意义。

二、人伦中的茶礼

茶事活动并非是简单的喝茶，而是有着许多讲究，包含很多雅趣，这些讲究和雅趣最直接、最主要的来源正是茶之礼，即喝茶品饮过程中的程式法则、礼仪规范等，这既是茶事活动的主要内容，也是茶道精神的重要理念。中华茶道中的茶礼是儒家礼哲学与茶文化的深度融合，是以茶为媒介、载体对礼的理念、精神的日常性体现。《礼记·礼运》载："夫礼之初，始诸饮食。"礼发源于日常饮食时的要求与规范，而茶最初

---

① Patrick J. Buchanan, "The Great Betrayal: How American Sovereignty and Social Justice Are Being Sacrificed to the Gods of the Global Economy", *Foreign Affairs*, April 6, 1998, p. 7.

正是作为饮品出现的，是中国人从传统至现代最流行也是最普遍的饮料，因此在制茶、煮茶、泡茶、饮茶等茶事活动中的每一个方面都蕴含着儒学所强调的礼仪规范，在此基础之上，人伦社会中的茶礼不断绵延深化，走向伦理精神与人文关怀的深处，内在具有了敬、和等诸多价值理念，在人伦修养、敦化风俗等方面发挥着积极作用。

1. 茶礼示敬

中华民族历来被视为礼仪之邦，有着丰富的礼仪文化与礼俗传统。礼始于殷商时期"奉神人之事"的宗教祭祀活动，随着理论演进与实践发展，礼逐渐成为调理、约束人们行为的一系列制度规范，内含深厚的义理而外显为丰富的礼节、仪则。礼不仅仅是长久社群生活中形成的公序良俗，更被确立为王朝的典章制度，成为维系政治统治与社会秩序的有效工具。儒学一派尤为看重礼在治家理国中的功用，随着礼与人伦生活、王朝治理的深度融合，其在传统中国已然不再是单纯的道德范畴，而是形成了以礼治为核心的庞大文化体系。礼成为本土文化中最具代表性的文化特质，是中华文明体系中最根底处的精神传统。

儒学具有很强的实践理性与入世情怀，主张依托世俗伦理生活来实现自身的价值理念，中国古代社会以儒学为思想引领所形成的礼俗文化与传统，也只有贯彻于人伦日用、日常生活之中才能生根发芽。在中华大地上，饮茶，成为中国社会人际间显现儒学之礼的一种理想活动方式；茶道，则成为习养儒学之礼的绝佳文化存在。

在儒学礼文化与受其影响的茶礼精神深处，均突出了一个"敬"字。《礼记》有言："古之为政，爱人为大。所以治爱人，礼为大。所以治礼，敬为大。"（《礼记·哀公问》）《孝经》也借孔子之言，讲道："安上治民，莫善于礼。礼者，敬而已矣！"由此可见，外在形制的礼想要真正在治家理国中发挥效用，需具有敬的精神，这是儒学伦理的基本要求。儒家历来注重培养敬的工夫，至宋明理学尤甚，已经将"主敬"、"持敬"、"居敬"作为第一修养工夫。朱熹讲道："敬字工夫，乃圣门第一义，彻头彻尾，不可顷刻间断。'敬'之一字，真圣门之纲领，存养之要法。一主乎此，更无内外精粗之间。"（《朱子语类》卷12）茶在人伦交往中的功用以礼的形式显现，客来敬茶，以茶礼仁，成为传统文化的基本交往仪则。在日常礼节中，国人自古至今都将茶视作馈赠亲朋师长的佳品，以此来寄托自己的真情，表达心底的敬意。如作为苏门四学士之一的黄庭坚曾多次将家乡的双井茶敬赠给老师苏轼，在其有名的《双井茶送子瞻》一诗中，他写道："我家江南摘云腴，落硙霏霏雪不如。为公唤起黄州梦，独载扁舟向五湖。"黄庭坚希望借自己奉送给老师的双井茶，提醒他宦海的诡谲沉浮和泛舟五湖的自然舒放，对老师的温情敬意通过一捧好茶和一首茶诗表达得真切动人。

　　仔细梳理礼文化中关于敬的思想，可以发现内外两个面向，这与儒学修己安人、内圣外王的路向是一致的。首先，"敬"作为主体严肃庄重的道德情感及其相应的外在行为，其发端于己且最先指向主体自身。一者，敬表现于个体外在的视、听、言、动等各个方面，这是敬的浅在显性表达。北宋理学家程颐就非常注重敬在个体中的外在显现，将外表的庄整严肃视为敬的重要内容。"俨然正其衣冠、尊其瞻视，其中自有个敬处"（《二程遗书》卷18）；"动容貌，整思虑，则自然生敬"（《二程遗书》卷15）。朱熹对小程此语也颇为赞同，讲道："持敬之说，不必多言。但熟味'整齐严肃'，'严威俨恪'，'动容貌，整思虑'，'正衣冠，尊瞻视'此等数语，而实加工焉。"（《朱子语类》卷12）依儒者所见，一个人要做到敬，首先外在的容貌体态、表情言语、行为举止等都要整齐严肃，谨慎谦恭，合乎礼之规范。在茶文化中，尤其是在茶艺、茶礼之中，对茶人的容貌、仪态、气质、服饰、举止等均有特定要求，鲜明地展现出儒学精神中的敬。服饰的舒适古朴，装容的得体大方，仪态的安适平和，动作的纯熟雅致……无不鲜明直观地体现出茶事活动之"敬"。

其次，更为关键的是，敬不仅体现在外在的容貌仪态上，在本质上而言它是一种严肃、庄重的内在道德情感。徐复观先生曾对儒学"敬"的起源及本质做了深入分析。他指出，"敬是直承忧患意识的警惕性而来的精神敛抑、集中及对事的谨慎、认真的心理状态"[1]。《周易·坤卦·文言传》讲"君子敬以直内，义以方外"，认为敬的作用在于以情感来规范、调理自己的内心，使主体内心中正平直。《论语》中子路问君子时，孔子首先讲的就是"修己以敬"，将"敬"视为修身养性的要务与目标。"敬，肃也"，是主体发自内心的一种严肃庄重的自然感情。敬由本心而生，是不加外在修饰、毫无矫揉造作的天生情感，是内在心绪、意识的本真流露与天然表达。"敬，只是此心自做主宰"，朱熹认为持敬需要的是"内无妄思，外无妄动"，是"收拾自家精神，专一在此"（《朱子语类》卷12）由此可见，敬从根本而言是主体由内而生的态度与情感，是内求于己的道德自觉。于茗饮而言，其中的真趣和精神体验在于自我的情感发轫和心绪表达，而敬正是茗饮之中所生成、体悟的重要情感元素。茶人在品饮之时内心所涌动、流露出的情感，已然蕴含着对主体本心、同饮友人的敬畏感怀，在敬的心绪意识之中品味彼此的关

---

① 徐复观：《中国人性论史》，华东师范大学出版社2005年版，第15页。

系和情谊。对茶友茶伴的敬绝对不是逢场作戏，"人走茶凉"更不是真茶人的秉性和态度，茶事生活中的敬，不是外在的造作与虚饰，而是茶人内在的心、性、情的一体贯通，并将内心之中敬的真情实感运用到一同品茶的友人茶伴身上。

再次，敬虽发韧于本心的道德自觉，并展现为自我的情感与行为，但其作用的对象和归宿却在很大程度上指向于外在他者，这也与中国伦理本位的文化传统相一致。有学者就曾指出，"西方人的不朽是在宗教中实现的，而中国人的不朽则是在伦理中实现的"[1]。在中国传统社会中，个体始终处在诸多伦理关系的包围之中，人是不能脱离其伦理关系而独立自存的，在长期的社会生活中人们之间形成了错综复杂的伦理关系网，每个人都作为网络中的一个节点而存在，在关系网络中认定自我并实现自我。儒学所言"敬"就包含着对他者的敬让、尊重之意，以主体内心的端肃、恭敬之情对待他人。《论语》中讲道，"居处恭，执事敬，与人忠"（《论语·子路》），"言忠信，行笃敬"（《论语·卫灵公》），将"敬"作为与人交往、立身行事的基本准则。宋儒更是将敬视为协调人伦生活的根本法则，直言"敬者，人事之本"（《二程集》）。朱熹讲"学莫要于持敬……修身，齐家，治国，平天下，都少个敬不得"（《朱子语类》卷12），也认为敬贯通内外，除了作为修养身心的内在工夫，也是外在事功必不可少的道德规范。与此相适应，中华茶道之中的敬也是由内而外的循环流动过程，茶事生活中的敬，源于茶人本心，见于一碗茶汤，传递给饮茶的友人，这还不是结束，在彼此的交杯换盏、两情相悦之中，宾客又对茶主人表达出深刻的敬意，于是，同饮几人的温情敬意

---

① 樊浩：《伦理精神与宗教境界》，《孔子研究》1997 年第 4 期。

于共饮共感之中得以强化升华，个体之我在茶礼的影响下变成实实在在的"关系我"和"社会我"。受儒学文化影响的日本茶道也体现出持敬、居敬的精神，日本茶道的真谛被精练地概括为"和、敬、清、寂"，其中就专有对敬的着意与强调。日本茶会强调的"一期一会"在一定程度上就充分体现出茶之敬。"一期一会"认为虽然人们每天都可以相会共饮，但此时此地中的此场景此意境，终身仅有一次，下次再饮之时绝无雷同之可能，颇有隔世之感。日本江户末期大名茶人井伊直弼就指出，"茶会谓一期一会，主客虽屡次相见，而今日之相见一去不返，为一世一度之会"。因此，"一期一会"具有"纯一性"，要求人们把握当下，视当下为永恒，深刻表达出人伦交往中的郑重、敬意之情。①

2. 茶礼致和

在儒学思想体系中，"和"是带有全景式、本根性的哲学范畴，依儒学看来宇宙自然本身就是一个生生和合体，和合是天、地、人彼此协调、有序运作的关键所在。《礼记·中庸》讲道："喜怒哀乐之未发，谓之中；发而皆中节，谓之和。中也者，天下之大本也；和也者，天下之达道也。致中和，天地位焉，万物育焉。"《中庸》将"中"视为大本，"和"为达道，将"中"作为万事万物应然的本原状态，将"和"作为万事万物后天发用之后的合宜状态。朱熹言："大本者，天命之性，天下之理皆由此出，道之体也。达道者，循性之谓，天下古今之所共由，道之用也。"（《中庸章句》）由此可见，"中和"是儒学为世人提供的"道"与"理"，圣人所设定的繁复而严谨的礼仪、规制，也正是为了实现并维护

<hr />

① 参见舒曼：《"禅茶一味"综述》，《农业考古》2013 年第 5 期。

"和"的秩序状态，使人们既明晰自我与他者的边界，把握住交往、融合的度，又能够以一种审美、从容、和谐的姿态与他人、社会、自然建立起亲密且恰当的关联。

儒学"和"的理念与中华茶道精神具有内在的契合性。细加分析，"和"的理念与茶道精神实则是一种互哺式的双向关联，一来"和"作为儒学根底处的思想内核，成为涵盖社会、自然等各个面向的整全性存在，其内在义理分殊下贯到茶规、茶礼之中，为茶道精神中的"和"提供了根本支撑；二来"和"本来就是中华茶道哲学内在的精神义理，它为儒学的中和思想注入了生机盎然的鲜活内容和深入精妙的实践诠释。茶艺专家陈香白先生直指中华茶道要义，鞭辟入里地讲到，中国茶道精神的核心就是"和"："一个'和'字，不但囊括了所有'敬''清''寂''廉''俭''美''乐''静'等意义，而且涉及天时、地利、人和诸层面。请相信：在所有汉字中，再也找不到一个比'和'更能突出'中国茶道'内涵、涵盖中国茶文化精神的字眼了。"他进一步指出："中国茶道就是通过茶事过程引导个体在本能和理性的享受中走向完成品德修养以实现全人类和谐安乐之道。"①

茶作为天地孕育的精灵，含英咀华，吐香蕴玉，是阴阳交感和合的杰作。宋子安《东溪试茶录》有云："又以建安茶品甲于天下，疑山川至灵之卉，天地始和之气，尽此茶矣"，他将茶视作天地和合的至灵之卉。本性中和的茶与人相遇后，就不再是单纯的自然之物，而是成为具有浓厚人文情怀、伦理意向的存在。在茶事活动中，无不显露出中和的理念。不仅茶器设计、茶席布置等需要注入"和"的精神，在泡茶时更

---

① 陈香白：《中国茶文化》，山西人民出版社 1998 年版，第 43、44 页。

要做到"酸甜苦涩调太和，掌握迟速量适中"，体现出各个要素、步骤的合理调配运作，以通达中和。实际上，茶事活动的各个环节，洗茶、煮水、投茶、煎煮、分酌、品饮，均有序衔接、相互协调，无不深刻细致地展现出儒学的中和精神。

伦理本位的中国传统社会尤为重视群际之间的交往关联，且形成了集体主义的价值观念。所谓"礼之用，和为贵"，礼的首要功用正是保障人伦秩序的和谐融洽、所处群体的安定团结。在茶事礼仪中，饮茶者内心所萌发的中和精神，自然地反映、投射到交往对象之中，使茶成为交友待客之道，促成人伦秩序的和谐。在天趣悉备、雅致玄幽的环境之中，亲朋相聚言欢，闻香啜茗，自我与他者、个己与群际交相融合，呼应成趣，和乐融融。茶礼致和的理念在明代朱权所创"中和汤"中表现得淋漓尽致，朱权为明太祖朱元璋第十七子，封宁王，后朱棣即位，朱权遭受迫害，便将心思寄托于茶道琴曲等雅事之中，他对茶事痴爱尤甚，著《茶谱》传世。朱权认为"中和汤"的妙用在于"思无邪，行好事，莫欺心，行方便，守本分，莫嫉妒，除狡诈，务诚实，顺天道，知命限，清心，寡欲，忍耐，柔顺，谦和，知足，廉谨，存仁，节俭，处中，戒杀，戒怒，戒暴，戒贪，慎笃，知机，保爱，恬退，守静，阴骘"，上述朱权提及的品饮中和汤对茶人德行的诸多裨益，无不都指向一个"和"字，在社群交往之中以和合精神对待他者与所处群体。对中和汤的煎服法，朱权则写道，"咀为末，用心火一斤，肾水两碗，慢火煎至五分，连渣不拘时候温服"，其意正在于坚持以内心的中正平和来立身行事。

值得注意的是，"和"作为儒学的至高范畴和境界，具有内在的合理性与圆融性。"和"并非无原则、无辨识地一味求同，其最基本、最鲜明的原则是和而不同，在保持主体独立性、明确彼此差异性的前提下进行协调互动，以达成深层和谐。早在《国语·郑语》中，当郑桓公问及"去和而取同"的言论时，西周太史史伯就讲道："夫和实生物，同则不继。以他平他谓之和，故能丰长而物归之，若以同裨同，尽乃弃矣。故先王以土与金、木、水、火杂，以成百物。"史伯在此明确区分了和与同之间的根本差异，认为"同"消解了事物之间的矛盾，而此矛盾正是事物得以运生、发展的根本动力，也是宇宙整体达成动态平衡的根本依据。紧接着，史伯认为要秉守和而不同的精神，"是以和五味以调口，刚四支以卫体，和六律以聪耳，正七体以役心，平八索以成人，建九纪以立纯德，合十数以训百体，出千品，具万方，计亿事，材兆物，收经入，行姟极。故王者居九畷之田，收经入以食兆民，周训而能用之，和乐如一。夫如是，和之至也"（《国语·郑语》）。在史伯看来，成己、成人、成物并行不悖，无论是自我修养、治家理国、宇宙运行，都需要和而不同的精神支撑，如此才能真正实现"致中和"，真正得以"天地位焉，万物育焉"（《中庸》）。齐相晏婴也曾以羹和、声和、君臣之和等来解释"和"与"同"的差异，强调"心平德和"（《左传·昭公二十年》）。孔子依据前人的"和同之辨"提出了"和而不同"这一儒学重要的精神理念。孔子将"和而不同"作为君子人格的基本表现，认为"君子和而不同，小人同而不和"（《论语·子路》），杨伯峻在《论语译注》中对此解释道："君子用正确的意见来纠正别人的错误意见，使一切都做到恰到好处，却不肯盲从附和。小人只是盲从附和，却不肯表示自己的不同意见。"① 因此，"和而不同"绝非没有原则的寻求一致，相反，孔子将"乡愿"斥为"德之贼也"，痛斥无原则的"好好先生"。可

---

① 杨伯峻译注：《论语译注》，中华书局 2006 年版，第 159 页。

见，儒学所言中和之和首先要承认主体的独特性、彼此的差异性，在此前提之下，万物之间互济互补，相生相成，通过调和、平衡丰富多元的矛盾关系，以达成众物之间共生共荣的和谐态势。

和而不同也深刻地烙刻在中华茶道的精神理念之中，茶性中和，茶礼致和，无论是从茶之自然本性，抑或是与人相遇后所产生的茶礼茶俗，都饱含着和而不同的意蕴，茶道精神中的清正、淡雅，茶人的君子品性、人格修养等，均是和而不同的写照。裴汶在《茶述》中讲茶"参百品而不混，越众饮而独高"，指出茶性虽成于自然，融入世间，却依然保持着自身的高雅特质，不与俗物相混同。当茶进入人伦交往与社会活动之中，便不仅是为了解渴除困，而是具有了高雅的人文意向，在和合之中不趋同于流俗。茗饮作为文人雅事，历来为名士高人所喜，而"非庸人孺子可得而知矣"。正所谓"柴门反关无俗客，纱帽笼头自煎吃"。宋徽宗在《大观茶论》中以"雅静之韵致"言茗饮真趣，认为饮茶者应是"缙绅之士，韦布之流，沐浴膏泽，熏陶德化，咸以雅尚相推，从事茗饮"。由此可见，饮茶作为"雅尚"之事切忌混同于庸鄙粗俗，而应做减法工夫，尽可能地消减外在矫饰，以净化心性，寻找"益友"。茶性的高洁，茶道的文雅，使其无论是作为自然之物，还是融于群际生活，均呈现出和而不同的清高气蕴，以独立、开放、包容的态度实现内外、群己的真正和合。茶礼的种种仪则、规矩、讲究正是为了使茶人之间明确彼此的分际与交往的规则，做到各安其分、各行其是，在和而不同中享受彼此的交往乐趣。自古以来茶人雅士就喜以茶性喻人性，将茶品比人品。如苏东坡作为传统君子人格的典型代表，不仅自身秉持高远的气节修养，无论在何种境遇之下都保持恬淡乐观的心境，自适而安；而且在人伦世事、宦海沉浮中始终坚守和而不同的原则，真正做到君子

"矜而不争，群而不党"，与新党和旧党均保持着恰当的距离而不肯苟同，与友人之交素洁雅尚，绵延长久，可谓"君子之交淡若水，小人之交甘若醴；君子淡以亲，小人甘以绝"（《庄子·山木》）。东坡痴爱饮茶且精通茶道，友人亦常以茶为喻，赞其秉性气节，苏门四学士之一的北宋文学家晁补之，在《次韵苏翰林五日扬州石塔寺烹茶》中就称苏轼"中和似此茗，受水不易节"。苏轼自己也常以茶入诗，将茶比作"佳人"，赞茶之卓然清雅，其有诗云："仙山灵草湿行云，洗遍香肌粉未匀。明月来投玉川子，清风吹破武林春。要知冰雪心肠好，不是膏油首面新。戏作小诗君一笑，从来佳茗似佳人。"（《次韵曹辅寄壑源试焙新芽》）

3. 茶礼敦化风俗

儒学主张社会伦理秩序需要通过礼加以保障调和，以礼来正名，所谓"名不正，则言不顺；言不顺，则事不成；事不成，则礼乐不兴；礼乐不兴，则刑罚不中；刑罚不中，则民无所措手足"（《论语·子路》），因此在社会伦理生活中需要运用礼来规范人们之间的关系地位。伦理发端于共同地域居民之间的风俗习惯和礼仪规则等习以为常的生活模式，礼仪风俗长时间运作于人们的日常生活之中，再加上人们之间密切的伦理关联，就使得中国传统社会成为地道的礼俗社会。对于中国文化的特质，梁漱溟先生做了经典的界定，即"以道德代宗教，以礼俗代法律"。礼在一定意义上既是社会生活中良风美俗的形式化与规范化，又反过来促进良好社会习惯和伦理风俗的演进发展。

儒家认为人伦秩序的调控除却仁、义等内在的道德自律之外，还需要辅之以礼的规约，使人们在群体生活中形成明确的规范、固定的习俗，使风俗习惯成为维系人伦活动的指南，人人都对社群生活中的公序良俗达成共识、自觉遵守，以确保社会秩序的安定和谐。作为先秦时期礼学集大成者的荀子，认为人生而有欲，每个人都有追求自身欲望、趋利避害的自然本性，每个人为了满足自我欲求都贪得无厌且没有休止，而且这些欲望源自人之自然本性，圣贤与常人在欲望的存有问题上并无差异，"是人之所生而有也，是无待而然者也，是禹、桀之所同也"（《荀子·荣辱》）。荀子认为现实的情形是，人人都有无穷的欲望，但人类社会的财富却是有限的，人们为了满足无尽的私欲而去争夺有限的资源，必然使得社会失序，正所谓"今人之性，生而有好利焉，顺是，故争夺生而辞让亡焉；生而有疾恶焉，顺是，故残贼生而忠信亡焉；生而有耳目之欲，有好声色焉，顺是，故淫乱生而礼义文理亡焉。然则从人之性，顺人之情，必出于争夺，合于犯分乱理，而归于暴"（《荀子·性恶》）。因此，只有通过礼对自我本性进行规约，对人伦秩序展开调理，才能够实现"群居合一"之道。由此可见，礼对于伦理习俗与社会秩序的维系保障，使其在中国传统社会中的作用至大至极，正所谓"礼之于正国家也，如权衡之于轻重也，如绳墨之于曲直也。故人无礼不生，事无礼不成，国家无礼不宁"（《荀子·大略》）。

茶礼作为传统礼文化在现实生活中的具象展现形式，不仅内在蕴含着礼的精神义理，而且，当礼的观念与茶相融，进入茶事生活时，也使得礼文化得以进一步地丰富多彩、绵延广大。茶之礼始诸饮食发端，人们煮水烹茶最直接最初始的目的是饮用，喝茶本是日常生活中最简易平常的习惯，正所谓"茶为食物，无异米盐，于人所资，远近同俗。既祛竭乏，难舍斯须。田间之间，嗜好尤切"（《旧唐书·李珏传》）。茶在中华大地数千年的发展过程中，当茶性被人们发掘、茶味被人们品享、茶艺被人们赏悦、茶礼被人们奉守之时，茶就不再单纯是外在于人们精神世界的生理饮品，而是成为与人共在共通的文化存在。由此而来，人们以茶为媒，将茶事活动中的礼规、仪则、程式，融入社会生活的各个面向，茶就成为规范人伦交往、调理社会活动的重要媒介，茶之礼也成为中华民族礼仪文化的典型代表，具有了"化民成俗"的功效。

在中国传统社会，茶礼成为人们日常交往中最基本的礼仪规矩与风俗习惯，茶礼展现在社会生活的各个领域，朝廷会试、祭神祀祖、寺庙清修、民间婚礼、文人雅集、居家交往等皆不离茶，并因不同的社会活动、场域情境形成了相应的茶礼规范。如在亲朋交往之中，以茶待客，客来敬茶是基本的待客之道，所谓"无茶不成仪"，以奉茶表达对友人的真诚敬意。北宋时期，汴京就有"支茶"的礼节，即有人乔迁新居之后，附近邻里要彼此献茶，以示友好与敬意。新茶佳茗，一直以来成为人们馈赠好友和敬奉长辈的首选品，以在人情来往与人际互动中表达自己的深情厚谊与周至礼节。文人墨客们更是将互赠新茶的礼节情谊飘洒留驻在诗篇中，卢仝的《走笔谢孟谏议寄新茶》、白居易的《谢李六郎中寄新蜀茶》、苏轼的《次韵曹辅寄壑源试焙新芽》、王安石的《寄茶与平甫》……这些都是亲朋间以茶为礼的传世佳作。再如，茶在婚俗之中也历来被作为重要的媒介与信物。明代许次纾在《茶疏》中讲"茶不移本，植必子生。古人结婚，必以茶为礼，取其不移植之意也。今人犹名其礼为下茶，亦曰吃茶"。郎瑛在《七修类稿》中也讲道，"种茶下子，不可移植，移植则不复生也，故女子受聘，谓之吃茶。又聘以茶为礼者，见其从一之义"。中国人将茶性比拟人性，茶树不易移植且枝繁叶茂、结籽众多的自然品性，使人们将其比附到婚嫁之中，赋予了婚姻生活中性情不移、多子多福的美好寓意。因此，茶在嫁娶之中不仅被视为理想的聘礼，敬茶、奉茶也成为国人婚礼中必不可少的礼节仪式。

作为自然存在物的茶与人伦社会中的敦风化俗本不相关，但当茶走向了人的日常生活、进入了人的意义世界，人就发掘出了茶的人文意义、礼俗价值。茶事活动参与、完成的主体是茶人，茶道精神的创造、实现也同样是茶人，人的参与，使茶具有了属人的特性，茶成为了联通内与外、己与群的绝佳媒介与载体。因茶之品性，人们在茶事生活中发现了闲适、和乐、雅尚、清静、明伦等诸多伦理美德与精神境界，通过茶礼进一步使其条理化、规范化，使人们在茶事活动中有章可循、有礼可依，在对茶礼的积习奉守之中对生活多一份淡定从容，对他人多一份温存关照，对人伦秩序多一份理解遵从，从而起到提升修养、敦化风俗的功用。

三、分享：推己及人

人是社会性的存在，伦理本位的中国传统社会尤为重视群际之间的交往关联，人伦秩序的和谐融洽、所处社群的安定团结是人们孜孜以求、悉心呵护的目标。人们从自我的道德本体出发，推己及人、能近取譬，将自己的良心善性由内而外不断地向外绵延扩展，以爱人之心、仁义之德来与共同体中的他者分享自己的所感、所思、所得，从而实现作为"关系之我"的存在意义。在亲友共在的茶事活动中，饮茶者内心所萌发的仁爱精神，自然地反映、投射给同饮的茶友茶伴，于此雅事佳境之中，人我、群己得以交相融合、呼应成趣，从而促成了人伦交往的秩序与和合。

1. 群饮之妙

梁漱溟先生所言"以道德代宗教，以礼俗代法律"，道尽了中国文化传统的根本特质，在农耕生态与儒学精神的双向影响下，中国传统社会以伦理为本位，尤为注重人际连带与社群生活，形成了关系取向的文化特征。关系取向的文化认为人与人是相互依赖的，个人的利益和权利只有在关系网络中才能实现。儒学就将人们在社会生活中的主要关系概括为五伦，并规定了这五种人伦对偶关系的基本行为法则，即"父子有亲，君臣有义，夫妇有别，长幼有序，朋友有信"。伦理本位的社会最为重视调和人伦关系以形成和谐的伦理秩序，个人必须明确其在关系网中所处的位置，人们在彼此的交往之中也正是通过对情境与关系的识别而作出合宜的行为。注重与他人的伦理关系使得中国传统社会重视群体胜于个人，关系取向下的个人总是在群体生活之中才能得到自我实现，与个人相比，其所处群体的目标和价值需求是居于第一位的。在西方海洋文明中，个人多是与陌生人打交道，为了维护个人的权利就需要依据彼此合意的契约来订立法律，体现出一种清晰的工具理性精神和个人主义传统，不同于此，古时华夏民族所处的是以农耕为主的社会生态，以血缘关系为基础，形成的是一种熟人社会，人与人之间通常相互熟知并且有着亲密关系，注重彼此之间的伦理联系，互相具有深厚的感情，在此基础上形成了鲜明而强烈的集体主义传统。

整体的社会价值观念与国民文化风尚表现在社会实践活动的各个方面，以多元的姿态展现出来。中国文化中对伦理关系的见解与对群体生活的倚重，在历代茶事活动中就有着鲜活生动的表达。

与茶圣陆羽同时的唐代文人顾况所作的《茶赋》，是自晋代《荈赋》

之后流传下来的第二篇茶赋，在文章中，顾况写道："如玳筵，展瑶席，凝藻思，间灵液，赐名臣，留上客，谷莺啭，宫女擎，泛浓华，漱芳津，出恒品，先众珍，君门九重，圣寿万春，此茶上达于天子也；滋饭蔬之精素，攻肉食之膻腻。发当暑之清吟，涤通宵之昏寐。杏树桃花之深洞，竹林草堂之古寺。乘槎海上来，飞赐云中至，此茶下被于幽人也。"依顾况之见，茶有着广泛的受众，为各个阶层所喜，上全大子下至幽人，都可以借茶来邀约友伴、互诉衷情，体悟幽趣，充分体现出茶事活动给群体交往带来的无穷妙趣。

茶事活动为熟人之间的欢聚提供了契机，有效增进了彼此之间的心意联通与情感交流。

陆羽在《茶经·六之饮》中写道，"夫珍鲜馥烈者，其碗数三。次之者，碗数五。若坐客数至五，行三碗；至七，行五碗"，此句中的"行"指茶道中的传饮法，即一碗茶流转均分，由在场的所有品饮者一同喝完，这就直接强烈地体现出三五好友共处一室，坐而群饮的亲密感情。前人就曾以"泛花邀坐客，代饮引情言……素瓷传静夜，芳气满闲轩"（陆士修）的诗句，来阐发友人月夜传饮畅吟的幽趣。自宋以来兴起的斗茶之风，更是以茶会友、借茶明伦的典型体现。斗茶又称"斗茗"、"茗战"，主要是人们集结成群品评茶之优劣的群体活动，随着不断演进，斗茶发展出斗茶品（品评茶汤之优劣）、斗茶令（互吟茶令茶诗）、茶百戏（比斗分茶技艺）等一系列活动。宋徽宗在《大观茶论》序中所载"天下之士，励志清白，竟为闲暇修索之玩，莫不碎玉锵金，啜英咀华，较箧笥之精，争鉴别裁之别"，即是对当时斗茶盛况的描述。"斗煎茶水"鲜明直观地展现出人们聚合成群，以茶事这一雅趣活动来丰富日常生活，增进人伦感情，以享受群体生活的乐趣。

虽然群饮为人们的伦理生活与社会交往提供了无穷妙趣，但群饮带来的欢乐需要满足以下两个条件才能得以真正实现。首先，群饮对象贵精不贵泛。在一场茶事活动中，真正能够坐下来一同喝一壶茶的，必然是熟知深交的老友，熟人之间才能在共同品饮中情趣相投、心领神会，以茶为媒来增进彼此的情谊。与陌生人或是志趣不合的人喝茶，或是互不相识，或是话不投机，此时的喝茶只是喝茶，而无法品出彼此的言语、欢愉、情谊、如此是绝难体会到群饮之妙的。此外，一场茶事活动的人数也不可太多，太多则嘈杂喧闹，鸣噪纷纷，全无彼此之间真诚深入的沟通。这一点明人张源说得好，他在《茶录》中讲道："饮茶以客少为贵，众则喧，喧则雅趣乏矣。独啜曰幽，二客曰胜，三四曰趣，五六曰泛，七八曰施。"

　　其次，群饮之妙还在于饮茶所带来的雅尚，相聚于茗饮是一场雅集，是彼此心灵和精神的相会。这种雅源自于茶给品饮者所带来的发自心底的愉悦。在茶事活动中，可以使视、听、嗅、味等多个身体感官实现动态的和合。如在视觉上茶汤的鲜亮色泽，汤华（即泡茶时茶汤表面所泛起的沫饽）的乳花若雪，以及茶叶在冲泡时的舒展舞动，都给视觉以美妙享受，正所谓"铫煎黄蕊色，碗转曲尘花"（元稹《茶》）；煮水时的沸而微响，茶室的琴曲筝音，自然的鸟啼虫鸣，这些美妙协调的律动无不给饮茶者带来听觉上的愉悦体验；茶经冲泡之后所散发的宜人香气，则通过嗅觉给人们以快乐的感官体验，蔡襄在《茶录》中写道，"茶有真香……民间试茶皆不入香，恐夺其真"；在品饮之中寻觅独特的鲜爽甘醇，饮茶的味觉快感更是茶事活动最关键的一环，正所谓"夫茶以味为上，香甘重滑为味之全"（《大观茶论》）。在此基础之上，可以使饮者超越日常世界的物质欲望、功利诉求，在幽玄和静的心境中远离俗尘，实现精神上的达观与自适。

在相聚群饮的过程中，茶友茶伴将上述这些感官欢愉与精神享受彼此分享，将自我的心绪、情感、体悟等深入诚挚地传递给所在的茗饮友伴，使彼此之间产生心意的汇通与精神的共鸣，从而在茶事雅趣中体悟群饮之妙。

2. 惜茶爱人

中国传统社会以伦理为本位，血缘关系由于其天然凝聚力成为了联系人们之间团结合作最强有力的纽带，其作为伦理网络体系的基点，是一切人伦关系的原初范型。"家庭和血缘关系有一切理由构成研究前现代中国社会结构的第一主题"[①]。受儒学血缘伦理文化的影响，在中国文化生态下尤为注重彼此之间源自内在真情实感的"爱"，人们在社会交往中产生的情感关爱、伦理互助、感念报答等，都是通过推己及人将自己的情感由近及远地渐次向外传递扩展的结果。

受儒学文化的影响，中华茶道将天地人统合为一个整体，通过惜茶爱人的茶道理念与实践活动，将自己内心所发轫的善端、本性所萌生的情感通过茶事活动、茶生活方式等投射、展现于人伦世事乃至天地自然之中，使得主体之我得以尽心、知性、知天。惜茶爱人，也正是大益茶道的基本宗旨。大益茶道院对"惜茶爱人"的茶道宗旨作出了精彩诠释："惜茶之心有如爱人，爱人之意有如惜茶，注重以珍惜、感恩之心去制茶、做茶，以仁爱、和谐之心去泡茶、品茶。'惜茶'——要做一个真正的茶者，做茶、懂茶、爱茶、惜茶，专心研究茶的各种技艺、规范和

---

① [美]吉尔伯特·罗兹曼：《中国的现代化》，江苏人民出版社 2003 年版，第 147 页。

品饮方法，热爱茶山、茶树、茶器。'爱人'——通过为人做茶，推广人间之爱，自度度人，自益益人，让仁爱之心陶冶人的情操、净化人的心灵。"①

惜茶爱人实则有两个方面的内涵。一者，是对茶这一天地自然之灵物的珍惜、挚爱，茶是天地自然馈赠给人类的奇草仙葩，人在遇到了茶之后，通过茶事生活，温润了身心、联结了群己、贯通了天地，茶给人们带来的身体助益、精神妙趣不胜枚举，因此人们需要对茶善加感恩、倍加呵护。二者，茶人所啜饮的清茶，需要历经种植、采摘、制作、收售、冲泡等种种环节，各谓"叶叶皆辛苦"，因此能喝上一杯好茶实属难得，是由茶农、茶商、茶人、茶伴共同凝聚心血、注入情感而得来的，这就需要我们在品饮中心怀感恩、关爱之情，爱惜他人为我们所做的情感投入与倾心付出。

惜茶爱人的理念，是将自己内在的心意、情感，投射到外在的茶和人之中。陈香白先生曾撰文指出："中国茶道的精神意蕴，在于强调人格的自我完善。为实现这个崇高目标，其重要手段便是不断化'自在之物'（如茶叶、水等）为'为我之物'（指茶事等）；'为我之物'通过反馈作用，不仅强化了社会和谐的氛围，而且不断唤醒人们对自然的一种内在道德责任心。"② 由此可见，中华茶道实现了自在之物与为我之物的和合，使得内在德性与外在事功互彰，惜茶爱人的过程，体现了儒学推己及人的用功理路。儒学伦理体系虽然发端于亲子关系，始于家庭领域，但绝不仅仅局限于家庭范围，而是涵摄了人伦世事的各个方面，对

---

① http://www.acctm.com.cn/about/?s=35.

② 陈香白：《论中国茶道的义理与核心》，《中国文化研究》1994 年第 3 期。

社会生活中各种人伦关系都予以明确的道德规约，这就有赖于推己及人的法则。推己及人以己为原点，从主体自我出发，将自己的情感、爱心、良知等向外绵延扩展，依据与自己关系的亲疏远近层层外推，从内到外，由近及远，越推越远，从而实现人际间的普遍关爱，通达人伦秩序的和谐。正如孟子所言："老吾老，以及人之老；幼吾幼，以及人之幼……举斯心，加诸彼而已。故推恩足以保四海，不推恩无以保妻子。"（《孟子·梁惠王上》）中华茶道中的惜茶爱人，正是通过推己及人，将茶人内心深处的情感思绪和道德品性扩展、表达、运用到他人身上而得以实现的。

一方面，在儒学看来生命的价值实现与意义世界的发现并非由外物左右，而是源自内在的心性自觉，它超越了日常时空的局限，彰显出主体存在的真正意义。中华茶道的要义首先就在于摆脱外在束缚而扩大自我的心志，实现内在精神的充盈。人们将茶之性与人之性关联比附，将茶事活动与心性修养相互连通，通过向里用力的用功方式将心性善端萌发培育开来，通过反求诸己来实现内心的雅尚高洁。陆羽在《茶经》中指出饮茶者应具有俭德，"茶之为用，味至寒，为饮最宜精行俭德之人"。在中国历史上，无论是《晋中兴书》陆纳以茶果招待谢安，其侄因私自盛馔珍馐而受责；还是东晋权臣桓温"每宴惟下七奠，拌茶果而已"，都体现出古人将饮茶视作俭朴廉洁的象征，通过茶来修养心性。在饮茶品茗中，个体抵入自己的精神世界，展开充分的自我沟通，主我与客我、内我与外我，达成了深刻的一致协调。茶道"精行俭德"、"韵高致静"，在茗饮之中可以摆脱外部环境的局限与过度奢欲的束缚，从而寻求内心的自足与安适，过多的矫饰铺陈反而与其应有的意境相去甚远。茶道这种向里用力、回归自我的用功方式，可以发掘主体内心广阔的意义世界。钱穆先生就讲道,"品之高,必求之其质。不顺乎茶之质,又何有茶之美。不顺乎人之性,又何由有圣德之成"①。

另一方面,在茶事生活中,茶人内在的心意活动、真情实感,通过推己及人,毫无保留、毫无造作地展现于同饮的茶友、茶伴之中,体现出对他者的爱,展现出彼此之间的深情厚谊与群饮之乐。明代朱权曾在《茶谱》中创制了一套烹茶程式:"命一童子设香案携茶炉于前,一童子出茶具,以瓢汲清泉注于瓶而炊之。然后碾茶为末,置于磨令细,以罗罗之,候汤将如蟹眼。量客众寡,投数匙入于巨瓯。候茶出相宜,以茶筅掺令沫不浮,乃成云头雨脚,分于啜瓯,置之竹架。童子捧献于前,主起,举瓯奉客曰:'为君以泻胸臆。'客起接,举瓯曰:'非此不足以破孤闷。'乃复坐。饮毕,童子接瓯而退。话久情长,礼陈再三,遂出琴棋,陈笔砚,或赓歌,或鼓琴,或弈棋,寄形物外,与世相忘。斯则知茶之为物,可谓神矣。"

朱权独创的这套茶事礼仪,不仅涵盖了茶事的所有流程,而且通过主客之间的对饮清谈,执礼互动,勾勒出彼此间的爱之切切与情谊绵绵。现代文学家蒋子龙在谈及茶道时也讲道:"应该主客之间边饮边谈,即所谓'一碗茶中的和平''一碗茶中的有爱'——这才是茶道的真正涵义,通过茶和语言追求人类友爱的本性。"② 在茶事生活中,己与人、内与外是相通的,以茶为媒,通过推己及人,将本心中活泼自在的感情,通过一杯清茶传递到茶友心中,实现彼此的共鸣与感通。

---

① 钱穆:《宋代理学三书随劄》,台湾东大图书有限公司1983年版,第112页。

② 马明博、肖瑶选编:《我的茶——文化名家话茶缘》,中国青年出版社2012年版,第160页。

3. 茶者利仁

儒学思想体系以仁为本源和圭臬，仁虽发端于主体天生的恻隐之心，但需要通过推己及人，不断发用于外，才能真正地成就仁，实现"安人"、"安百姓"的理想社会伦理状态。《说文解字》云："仁，亲也，从人从二"，"从人从二"在儒家看来是"相人偶"，即互相人偶之，是指人际间彼此充满感情的相亲相爱。前文我们讲惜茶爱人，仁的本义正是爱人。孔子曾直接将"仁"解释为"爱人"，孟子也说"仁者爱人"，爱人是对待他者的一种情感态度与行为方式，是将自己内在的关爱之情作用于普遍性的他者身上。仁最基本的意象正是一个人在社会人伦关系之中对他人的爱，正所谓"仁者，爱人之名也"，"仁之法在爱人，不在爱我"。"爱人"即是主动的"己欲立而立人，己欲达而达人"，也要设身处地为他人着想，不强人所难，做到"己所不欲，勿施于人"。可见仁者虽然从己出发，目标却指向了他者，通过推己及人，将心比心，使得自己与他人在互动中彼此交融，最终达到和合的状态。儒学不同于佛老的关键处也正是以仁爱为核心所彰显出的积极进取的入世哲学。

受儒学影响的中华茶人，内心秉守着仁爱的情怀与信念，茶事生活正是他们践行仁、通达仁的有效方式，正是于茶人相聚茗饮、共话茶事之中，仁的精神得以彰显于外、扩充其间。茶道中仁爱的彰显，实在正是人道的显现。陈香白先生以茶道发展历史为据，指出："茶道之大行，具备着文化生长的生态环境（其中重要的一项便是开明宽容的文化政策）；茶道之形成，显示出民兴善根、民间智慧得到尽情发挥的时代气魄。随着茶文化的多元扩展与深化，中国茶道的哲学思想基础便明朗了：茶道即人道。"① 真正的茶人，不仅仅满足于唇齿之间的愉悦体验，而是通过茶事活动，将内在的恻隐之心、仁爱之情发轫于外在对象，努力做到修己安人，以践行人道原则。

茶者利仁充分展现出的，是人伦交往中的仁爱之乐。传统社会所风靡的茶会茶宴、斗茶之风自无须赘言，上至宫廷官邸，下至闾巷村社，到处可见以茶事活动为媒的分享之乐。值得注意的是，在现代社交活动中，形成了诸如品茗茶会、商务茶会、主题茶会、露天茶会等丰富多样的茶会形式，而且很多社会联谊方式，如茶话会、新春茶会、团拜会等也都是以茶为载体，通过共饮一壶茶来增进沟通，关爱他者，分享快乐。"分享是同饮，分享是同乐。懂得给予的人懂得分享，懂得分享的人懂得感恩。茶者，茶者有爱，所以分享。人忧我忧，人乐我乐，乃大益之道。"②

从交往论视域看儒家的茶道精神，茶事活动绝非单纯的大众化娱乐嬉戏，而是在群际性交往中表现出人际间深厚的情感连带与伦理团结，这正是中国文化传统中伦理本位与集体理念的体现。梁漱溟先生在对中西文化进行深入比较的基础上得出如下判断："西洋自始（希腊城邦）留意乎权力（团体的）与权益（个人的），其分际关系似为硬性的，愈明确愈好，所以走向法律，只求事实确定，而理想生活自在其中。中国自始就不同，周孔而后则更清楚地重在家人父子间的关系，而映于心目者无非彼此之情与义，其分际关系似为软性的，愈敦厚愈好，所以走向礼俗，明示其理想所尚，而组织秩序即从以奠定。"③基于中国文化的伦

①　陈香白：《中国茶文化》，山西人民出版社 1998 年版，第 47 页。

②　吴远之：《大益八式：中国茶道研修方法》，中国书店 2014 年版，第 176 页。

③　梁漱溟：《中国文化要义》，上海人民出版社 2011 年版，第 116 页。

理本位和集体主义传统，儒学茶道理念蕴含着内在的仁爱精神，正所谓"不仁者不可以久处约，不可以长处乐"（《论语·里仁》），仁爱表现出对他者的尽心尽力和对社会的责任担当，将"修身、齐家、治国、平天下"置于一体的架构之下。苏轼就曾针对当时的奢靡茶事之风，尤其是一些权臣劳民伤财，不恤民生，以名茶邀功求宠的行径，在《荔支叹》中针砭真言道，"君不见武夷溪边粟粒芽，前丁后蔡相笼加。争新买宠各出意，今年斗品充官茶。吾君所乏岂此物，致养口体何陋耶……"唐代刘贞亮在《茶十德》中讲"以茶利礼仁"、"以茶表敬意"、"以茶可雅志"、"以茶可行道"，也是对茶者利仁的经典表述与形象表达。

自古至今，许多中国茶企以儒商为鹄的立业经世，在经营管理中也秉承着茶者利仁、安人济民的精神。如始创于1887年的百年老字号茶企吴裕泰，曾以一副对联表述自己的经营理念："京都百业竞奢华，到底有多少大富大贵豪门；古城民众尚节俭，毕竟是大半小门小户人家。"饮茶无分贵贱，并非由王公贵人所独享，吴裕泰以茶为业，所立志实现的正是让平民百姓、大众人家也可以享得一碗清茶，这正体现了儒学"泛爱众而亲仁"的精神理念。此外，作为普洱茶标杆的大益集团，其"大益"品牌释义中很重要的一个维度就是"茶为和谐之饮，雅俗共赏，是人与人之间友好、文明交往的桥梁。此为沟通之'益'"。大益集团的前身勐海茶厂，更是"为抗战而生"，在日寇侵华时期以茶报国，书写了儒学经世济民的动人篇章。抗战时期，勐海茶厂以实业救国，稳定边疆，以生产的优质茶叶换取外汇，购买抗战物资，支援抗战前线，同时为援华美军联络处、盟国救护队提供驻防和大量的物资保障。今日的大益集团正是以"惜茶爱人"为经营宗旨，不忘安人事业，成立爱心基金会，致力公益，坚守着企业社会责任，援建希望小学，设立奖学金资助困难学子，慰问革命英雄家庭，投身社会志愿服务……以切实的行动诠释着经世济民、实业报国的仁爱心志。

茶者利仁，茶事生活、茶人事业将修己与安人关联为一个整体，围绕茶展开的活动既是内在的德性自觉也是对他者的仁义对待。在儒者看来，成己与成人、内圣与外王、修身与济世，均是关联互通、一体不二的。怀有仁爱之心的茶人，不仅以韵高性洁的茶来修养身心，而且将茶作为安人、行道、济民的载体，有效地对内与外、己与群进行统摄协调，深刻体现出真茶人的淑世情怀与茶道大益。

苦海无边

第五章

南宋刘松年《撵茶图》（局部）

"天地"是中国古代思想中的一个重要概念。它曾为中国诸多具体的传统文化形式提供了思想依据，例如，对百姓而言，"天地"可能意味着落叶归根、回归故里，这才是生命值得托付的最终归宿；对从事商业交易的人来说，"苍天"、"列祖"可以为双方的缔约提供担保；对一个立志修德的人来说，"头顶三尺有神明"、"人在做天在看"的信条就可以为他的守道德行为做见证。可见，"天地"并非完全的实指，更多的时候是虚指，作为抽象概念而被频繁使用。茶作为具有代表性的中国传统文化形式，它与天地有着双向的交互关系：一重关系是茶与天地的被庇护和庇护的关系，茶获得天地间的精气、灵秀，蕴含着各种有益物质和营养成分，但此时茶只是被动的接受者；另一重关系是茶与天地的感应与被感应的关系，成为精制的干茶后，茶就开启了华丽的转身，被人所品味、鉴赏，茶成为人与天地之间关联互通的媒介，茶带给人的滋味享受、心理愉悦和精神提升，都一再地促使人反观自省，敬畏天地，感恩茶的美好。茶因天地走入人的意义世界，人、茶、天地相互勾连，彼此共在，营造出生命价值的寄放之境，真善美得到具体诠释，个体的自我确认得以显现。因此，"茶通天地"就包括了上述两个方面，中国茶人因茶而获得的时时翻新的生命体验，以及茶人入世的自足式存在，这可以说是儒学"内在超越"的茶道版。

一、心比天地宽

中华茶道与天地相通，力求在自然的隐逸、野趣中实现人、茶、天地之间的融合。翻阅众多古代茶文献就会发现，古人们都主张品茗的最佳环境是梅清茶新、雪洁茶清、竹幽茶香等雅景与好茶的相适。寄情于自然物象之中，追求具有自然性风雅情趣或者关联物，例如，梅、竹、松、雪等常常被视为饮茶的雅君子。其中的深层原因在于，饮茶时饮者将自身融化在浑然天成的周遭环境中，悟茶道的同时就是在欣赏天地间的杰作，目睹旷野、竹海、梅林，倾听松风、清泉、雨滴，生长出思古、怀乡、念己、悯人之幽情。人置身于苍穹之下，品茗赏茶，一方面深切感受到人的渺小，体会天地至大，生起对天地的敬畏；另一方面将自身融入天地之间，获得心灵的安宁，从而感悟到自我的生命意义。对于茶人而言，心底无私天地宽就意味着不执念俗事或他人的评价，在意的只是安放精神的自我，从茶汤的小天地读出人生的大天地，由此成就心中的恒久天地。

1. 廓然于天地

研修中华茶道，彻悟"茶味人生"，就要首先在价值序列的排位上做到廓然于天地。杯中茶汤清澈见底，饮茶者借此窥见内心的自我，映照出广阔的天地，将对天地的神往化作自性安然、自身沉稳。品茶的同时感悟生活，学会给生活做减法，在放下中体会生活的回甘，从而做到"如烟往事俱忘却，心底无私天地宽"。

廓然于天地的茶人心境，是中华茶道对茶人的心志要求。这样的茶道体验和乐茶态度其实也体现了中华茶道与日本茶道的根本差异。今人所看到的日本茶道（特别是抹茶道）其思想源泉主要来自佛教，尤其是与禅宗的结合。日本茶道所追求的"寂"的精神品位，造成日本茶道过于仪式化，以至于有人感叹：参加一场长达四个小时的日本茶道仪程，若非受过特别训练，一般人绝难承受。一旦身心感到了难以忍受的苦累，精神上的怡乐就无法谈及。另外，由于日本抹茶道依然保留的是点茶法，用茶筅拂击茶末，茶叶无影无踪，茶叶因沸水冲击或浸泡产生的"伸缩舒卷"则全然不见，现代中国人恐怕已经很难接受无茶味的茶道、无茶形的茶汤了。

现代茶道在中日两国有着非常显著的区别，原因之一或许就是中华茶道的思想根源大量来自于儒学，儒学的天地理念、天地人的设定等都为中华茶道定下了基调。被誉为"茶圣"的陆羽就深得其味，他的一生也可以说是廓然于天地的绝佳写照。被尊称为"茶圣"的陆羽，身世坎坷，虽然性情桀骜不驯，命途多舛，但是机智幽默，才华过人。陆羽自幼就因在寺院的生活经历而与茶结缘，他在生命的不同阶段，与诸多志同道合者惺惺相惜：唐天宝五年（746年）颇得时任竟陵太守李齐物的赏识，获得了真正意义上的读书机会，学识得以大长；唐天宝十年（751年）与竟陵司马崔国辅结为"忘年之交"，一起问茶山水，谑笑永日，辨茶工夫过人；安史之乱，被迫南渡长江，在此期间，他实地考察了沿途的诸多茶园，对多地的茶叶生长情况和滋味特性了如指掌；在湖州吴兴长居的日子里，他与诗僧皎然结为莫逆之交，以茶为媒，演绎了一段流传千古的佛俗情缘；受人之托，开始撰写《茶经》，为此，他常常"结庐于苕溪之滨，闭关对书"，过着"细写《茶经》煮香茗，为留清香驻人间"的隐逸生活。

不难看出，就像陆羽一样，真正参透茶道者的精神是圆满自足、快乐至极的。饮茶者不仅感受到了茶带来的滋味感受，还给予了加速参同天地的催化作用，在精神升华的同时获得了茶道体验，此时，每日常见的饮茶活动也因茶道体悟而成为脱俗超凡的人生至乐，品茗给饮茶者的庸常生活增添了无限的乐趣和心灵慰藉。此时此刻，经典儒学高度推崇的孔颜之乐借助茶道被具体化和日常化了。①

"孔颜乐处"体现的是儒学一贯强调的乐观、达观、乐生的生活态度，因为中国传统儒学主张在现世中实现自己的抱负和追求，也就是主张个体的内在超越。②"所谓'内在'，是指肯定人生的价值，肯定人性中存在着自我完善的内在根据，因而不必否定人生的价值，不必寄希望于外在的拯救与超拔；所谓'超越'，是指设定理想的价值目标，以此作为衡量自我完善的尺度，作为意义追求或形上追求的方向。在中国哲学中，超越性与内在性是联系在一起的，并不同彼岸世界相联系，因而没有神性的意味。……超越的依据……就是道或理。道或理既是宇宙万物的究极本体，也是人生的最高准则。道或理不在宇宙万物之外，也不在人类生活实践之外，这就叫作'体用一源，显微无

---

① 参见李萍：《论中国茶道对儒家自然观的扬弃》，《北京科技大学学报》2016年第1期。

② 相比较而言，佛教和基督教的共同点都是主张外向式出世的修行才能实现对自身的超越：佛教的"涅槃"说视人生为苦海，企图通过修成佛果进入极乐净土；基督教的原罪说，认为人生下来是有罪的，人需要通过上帝的恩典才能获得救赎，不能自我救赎。

间'。"① 历史上很多儒学先贤们都身体力行内在超越的道理。例如，宋代的大儒周敦颐以"生生之意"释"仁"，提倡不除窗前草，缘于"与自家意思一般"的乐生态度；程颢在京兆府鄠县任职时始终做到"道统天地有形外，思入风云变态中"，缘于他不为富贵诱惑、不为贫贱折磨的达观。

中华茶道所追求的廓然于天地的境界，其实际就是要求饮茶者将心安置于事关大问题的事物上，用宏大叙事去除生活中的繁杂，用普遍价值提升人生的关切。在这样的思考和领悟中，饮茶就会让人安静下来，饮茶者也会因内心的思虑而生起对天地的敬意，卸去缠绕心中多余的欲望和无谓的冲动。一句话，对品茶者来说，品茶就成为了在当下赴一场心灵之约。

很多被称为现代新儒家的人士也深得其中寓意，并作出了创造性阐释以迎合现代性生活场域中的国人之精神需要。例如，由牟宗三、徐复观、张君劢、唐君毅合撰的《为中国文化敬告世界人士宣言——我们对中国学术研究及中国文化与世界文化前途之共同认识》一文，对为己为人的关系、中国传统儒学关于"天地"、"心性"理论的认识等都作出了很好的阐述。"人之实践行为，向外面扩大了一步，此内在之觉悟亦扩大了一步。依次，人之实践的行为及于家庭，则此内在之觉悟中，涵摄了家庭；及于国家，则此内在之觉悟中，涵摄了国家；及于天下宇宙，及于历史，及于一切吉凶祸福之环境，我们之内在的觉悟中，亦涵摄了此中之一切。由此而人生之一切行道而成物之事，皆为成德而成己

---

① 宋志明：《薪尽火传：宋志明中国古代哲学讲稿》，北京师范大学出版社 2010 年版，第 72 页。

之事。凡从外面看来，只是顺从社会之礼法，或上遵天命，或为天下后世，立德、立功、立言者，从此内在之觉悟中看，皆不外尽自己之心性。"[1]天地人一体的思想其实就是将世间万物无一遗漏地涵盖其中加以观照统摄，并促使它们圆融无二，万物互联，这充分体现了中国传统儒学所主张的天人合一、民胞物与等整体性思维和普遍性命题，这样的思想对深受专业分工过细之扰、社会领域划分过繁之困的现代社会及其现代生活具有极其重要的启示意义。

茶本身没有茶道，同样，儒学本身也不直接关切茶或茶事，将儒学跟茶文化、茶道关联起来，这就是一种文化建构，或者更具体地说，是将思想信仰落实在国民日常起居和交往方式之中的人为努力。生发于华夏大地的茶文化或茶道注定会与占据中国传统社会主流地位的儒学直接相遇，茶与儒的相遇在中国是百分之百必然发生的事件。但如何相遇、得出怎样的思想成果、衍生出什么样的精神文明产物，这些问题事先都是不确定的，也没有明确的答案。从历史进程来看，儒与茶时有冲突、时有交集，更长的时间内是不相关涉，彼此无关。其间，许多嗜茶的文人墨客、喜茶的达官贵人扮演了极其重要的作用。今天的我们必须推陈出新，补充新内容，发展新格局，才能不断保持中华茶道的生命力。

在今天的时代，对于中国茶界人士而言，还有两个十分重要的使命亟待完成。其一是革故鼎新，吸取中华传统茶文化的思想底蕴，同时因时作出损益，作出符合现代社会、现代人的生活方式的调整，这是对中国传统茶文化的历时性发展。其二是以世界眼光看中国，吸取他国茶文

---

① 封祖盛编：《当代新儒家》，三联书店 1989 年版，第 20 页。

化茶道的合理成分和有益内容，在与他者的比较对照中保持自身的独特性，这是对中国传统茶文化的共时性推进。这样的使命看似艰巨，但如果茶界中人身体力行，假以时日，也是有望达成的。不妨从敬畏天地开始，孜孜以求，最后达至廓然大公的境界。这曾是中国传统茶者的心路历程，这也可以成为今天全体中华茶人习茶背后的精神支撑。茶是天地间的灵物，好茶聚集了天地精华，人是万物之灵长，人因好茶受到滋养，在品茗过程中感受天地的伟业，与天地相通，从而在肯定自我的前提下变得心理坚强，精神健全。无论从事什么职业，无论自己的事业经营状况如何，这些问题并非修行的关键，重要的是能够始终坦然面对天地，心安无愧，坦坦荡荡，在人世间不忘自我，牢固树立自我认同，那就是"天地之中的一个我"。

2. 人在草木间

从字的结构上看，"人在草木间"，显然指的只是"茶"这个字，但从字义来看，"人在草木间"却可以有多个含义，除了指茶这个植物，还可能是人处于草木间的空间意象所指示的禅意，一种孤独境地中的禅意；还可能指修身立志，如古代文人经常讲"茶里乾坤大，壶中日月长"，品茶修身、鉴茶悟道。可见，"人在草木间"不只是描述了茶与人的关联，同时也肯定了人的生存特性，人是天地之子，是赖草木而得以存活的物种，人自当因获得茶的惠顾而恭敬对待世间一草一木。

对茶人而言，"人在草木间"就意味着放下身段，放下傲娇，泡出一杯好茶，不糟践茶，将自己植入茶之中甚至茶之下，而不是高高在上，颐指气使。茶人的基本功或者说入门的门槛就是随时随地都能够泡好茶。这个说起来容易做起来很难，因为即便是资深茶人也会有心情不好的时候，也会有拿到品质欠佳的茶，也会遇到并不投缘的茶伴，但即便如此，一个称职的茶人，都应该将这一切放下，心中只有茶，专心致志冲泡茶，这个过程其实而言是对自己的修炼。把一件事情做好，这是为人最重要的修养。同样，把一壶茶泡好，这是茶人最重要的修养。

茶从树上采下（简单的人类劳动），经过人的加工、制作成为精制的各类干茶（复杂的人类创作活动），经沸水冲泡成为了饮品（复合的人类生命再现活动），这之后就进入人成就自我的意义构造世界（多元的人类自我实现活动）。正如一首知名的对联所言，"一杯香茗，一卷书，偷得半日闲散；一抹斜阳，一壶茶，求得半世逍遥"。一天劳顿下来泡壶茶，可以解乏解渴；闲坐得空静心品茗赏茶，则可以安抚浮躁的心，安顿不安分的意念。喝茶的人有福了，与从不喝茶的人相比，他至少多了一个人间的念想，多了一个载道的媒介，他不一定比不喝茶的人境界高，但他确实多了一个方便法门，一旦他想，他就更可能、更便捷地在日常生活中修身悟道。一个行走在追求茶道路途的人，他会努力做到在浮世却不为俗事所纠缠，拿起茶杯，放下羁绊，品茗让人远离喧嚣，倾听心灵深处的真实心声。

"啜苦咽甘，茶也"，这是茶圣陆羽对茶的经典理解。较之于咖啡和酒，茶中所特有的茶多酚这一物质，造就了茶汤在微苦弥散后的清甜即来，这就会带给品茗者独有的回甘之乐。也正因如此，台湾茶人李曙韵女士对于"涩"这一茶味的初相极力赞扬，她认为涩的美感近乎于原始艺术的美，在粗犷的线条中带些细腻的情绪，在野放的姿态中带点行者的况味；进而，她主张茶人在行茶运壶时，可以适度地展现一定的涩度，由此提醒自己莫忘了当初推开茶事之门的那一份初心。① 涩，是茶位的初相，也是健康生活中不可缺少的人生韵味。固然，我们都希冀生命的征程中一帆风顺，但旱冰场上的跟头却告诉我们，有时候过于平坦的道路并不好走。因此，我们要学会身处逆境而"不忧"、"不惑"、"不惧"，不忘初心，在"放下"中阅读社会、品味人生，正所谓"一杯春露暂留客，两腋清风几欲仙"。

中国福建不仅盛产名茶，当地的茶文化也是赫赫有名，而且独树一帜。据说，福建当地人喝武夷岩茶是要出声的，这表达了两层意思：一个是对泡茶者表示敬意，通过声音告诉主泡者这是杯好茶，让我大快朵颐，我的每个细胞都打开了，太舒服了，谢谢你！另一个是因为当地老茶人相信对茶最敏感的部位是舌面，茶的好坏舌面一接触就可以感受到，舌面首先触茶一定是出声的"啜茶"，一啜下茶汤，很快就会由舌面传递到口腔的各个部位，茶的味觉瞬间就遍布整个口腔，快乐就要大声说出来。这样的茶文化似乎也体现了武夷人的性格特点和生活处境。

我们听到有人说，旅行让我们睁开了双眼，看到了不同于寻常的世界和别人的每日生活，心胸变得更开阔了。其实，这话只说对了一半。一个没有事先打开心扉的人，一个本来心胸不够宽大的人，即便行走千万里，很可能仍然只是生活在自己的视野中。因为他会选择性地接受沿途看到的东西，强化自己原有的偏见和刻板印象。所以，关键是我们首先要成为大度、开朗和随时准备学习新东西的人，只有坚定认可了人人平等、对异己事物的宽容、对新事物持有开放态度等信念的人，才会受益于千里之行，只有开眼才能真正看到真实、美好的世界。抱持"人

---

① 参见李曙韵：《茶味的初相》，安徽人民出版社 2013 年版，第 14 页。

在草木间"信念的茶人，才会时时提醒自己，永远谦卑待人、谦恭待茶。

儒学宗师孔子就是这样的典范。孔子被世人尊奉为万世师表，他在文化领域的最主要贡献之一就是作为教育家而留下的教学经验、教育观点和教化思想。他先后招收、教导了逾三千人的弟子，其中贤达者七十二人，他对每个学生因材施教，从《论语》的记述可以推测，他当时主要讲授了伦理、演讲、政治、文学等四类课程，但他并不主张其弟子专攻一门，或者仅仅成为某个领域的专家，所以，他说"君子不器"，仅仅成为一个专业人士无非是一个高级的工具而已，重要的是全人格的培养，这也是他对颜回推崇备至的原因所在。因为颜回不仅深得孔子思想的精髓，而且孜孜不倦地求得学问、义理上的不断进步，他不拘泥于某个方面的进步，而是将精力花在"行有余力则以学文"上。孔子本人亦如此。他有着强大的内心世界，面对先王、先贤，他主张"虽不能至，然心向往之"，始终保持良好的心态、积极的作为，他的精神世界是充实而广大无边的。"孔子一生栖栖皇皇，周游列国，希望能够把道推行于天下而未达，但他一生虽有一些感叹，却从不曾气馁，这是因为在他背后有一超越的根源在支撑着他的生命。"[1] 孔子及其弟子塑造了一群精神世界的巨人。

二、四海之内皆兄弟

"四海之内皆兄弟"，语出《论语·颜渊》。孔子的一位弟子叫司马

---

[1] 刘述先：《儒家哲学研究——问题、方法及未来开展》，东方朔编，上海古籍出版社 2010 年版，第 159 页。

牛，他见别人都有兄弟唯独自己没有，很忧伤，说"人皆有兄弟，我独亡"。孔子的另一位弟子叫子夏，听到后就劝他"四海之内，皆兄弟也。君子何患乎无兄弟也?"子夏不愧是孔子的得意弟子，得了孔子的真传，因为孔子曾提出"有朋自远方来不亦乐乎"，他和他的弟子也明确主张"与朋友交而不信乎"，在社会生活领域结识的同学、同事、同行、同志、同侪、同道……跟具有血缘关系的亲兄弟一样，甚至更重要。当然，这句话的核心要义并不是告诉人们要广交朋友，相反，其重点是"君子何患乎无兄弟也"，君子顶天立地，坦坦荡荡，以自身的品格、学识、才干立足世间，以自身的魅力感染人、吸引人，不必担心是否有无数好友、遍布知己。对君子而言，"四海之内皆兄弟"，是要从自我出发，我想去结交就结交，我不想结交就不结交，我自身的事业、我自身的修为才是第一位的。一旦从事特定的学业、事业，总是需要去认识、结交他人，那么，此时就不是投人所好、曲意奉承，而是先练内功、发本愿，以自己的人格、才干去感染人。交友的前提是不失自我，只有我主动施出的交往和有选择的交友才是有价值的。孔子曾提出要交"三益友"——友直、友谅、友多闻，讲的就是这个道理。茶人间交往也应奉守此原则，按照儒学的君子设定加以对照来要求自己，避免"三损友"——友便辟、友善柔、友便佞，在与陌生人相处时学会分辨，在与熟人相交时学会把握分寸，坚守自己的原则，要相信总会有与你的原则相符、秉性相一致的人聚集过来，成为你的知己或事业中的伙伴。

1. 以理导乐

"理"作为一个哲学概念，由宋代的思想家们率先提出，例如，朱熹说过："宇宙之间一理而已，天得之而为天，地得之而为地，而凡生于天地之间者又各得之以为性。"① 其实，朱熹讲"理"有多个含义，仔细分析至少有三个不同的含义：其一是所以然之理（事物形成或运动的原因、依据），其二是性理（这是"一理"或"理一"的主要含义，通过"生"打通了所以然与所当然），其三是事物之分理（又可以称为"气质之性"）。那么，"理"与"和"又是什么关系呢？"理不可见，因其爱与宜，恭敬与是非，而知有仁义礼智之理在其中，乃所谓'心之德'，乃是仁能包四者，便是流行处，所谓'保合太和'是也。"② 可以看出，朱熹是依据周易提供的原理将"理"与"和"联系了起来。在朱子的哲学体系里，由于"理"是事物的根本规律，也是伦理道德的基本法则，"循理"就是每个人不得不为之的要求，同时也是一件严谨、严格的事情。

不仅如此，朱熹还是位谙熟茶道的高人，他一生结缘于茶，其理学思想亦深受茶之润泽，他以茶喻理、以茶论学、以茶修德，把茶德与儒家的理想人格追求有机地、活泼泼地结合起来，他遗留下了诸多论述茶性、茶相、茶品的言论。最有名的就是他曾由茶格出理，他说："物之甘者，吃过必酸；苦者，吃过却甘。茶本苦物，吃过却甘。问：'此理如何？'曰：'也是一个道理。如始于忧勤，终于逸乐，理而后和。盖礼本天下之至严，行之各得其分，则至和。'"（《朱子语类·杂类》）朱子以茶喻理，以茶品味人生的修为进阶——"理而后和"。朱子指出，茶道并非独特无二的东西，它无非是理，无非是和。在朱子看来，与理、和合一的茶道不再是茶外之道或喝茶者的主观感受，茶道具有了客观必然

---

① 朱熹：《晦庵先生朱文公文集》卷 70，转引自朱杰人、严佐之、刘永翔主编：《朱子全书》第 23 册，上海古籍出版社、安徽教育出版社 2002 年版，第 3376 页。

② 黎靖德编：《朱子语类》，王星贤点校，中华书局 1986 年版，第 468 页。

性，它分有了理，只是具体殊相有异，分殊的茶在其内在精神上——茶道——只是一个理。易言之，茶道与理直接勾连，相通无碍。朱子借饮茶的回甘体验，来阐述循理苦修的奥义。是故"君子循理，故常泰；小人役于物，故多忧戚"①。

众所周知，儒学原本是推崇等级序列的，甚至有人认为儒学就是"吃人的礼教"，这显然是一面之词，需要知道的是，儒学所主张的等级序列首先且主要不是政治性的，而是伦理性的，它强调的是人们在伦理修为上的高低境界。儒学指出，等级序列本是天地自然之理，如天在上、地在下，阳在南、阴在北等，由此推知，每个人都有其在世间的特定位置，在此位置上有相应的责任和义务。不仅如此，儒学的等级序列理论尽管基于自然的差别同时也十分肯定人为的作用，所以，儒学的等级序列并非僵化的身份歧视，相反，它反映的是物之性、人之习二者相互作用而呈现出来的客观状态。在社会生活中，等级序列通常借助"礼"、"俗"、"律"等来实现。特别是"礼"与"俗"的结合不仅贯彻了等级序列，同时也弱化和修正了等级序列可能导致的极端后果。

从茶道层面理解"以理导乐"，主要涉及的是茶人间如何相处、茶人如何跟茶界外的人相处的道理，这可以说是中华茶道关于社会交往的启示。谈及中华茶道的社会属性，就不能不说到儒学视域下的中华"乐感文化"（Culture of Optimism）的问题。我国学者李泽厚先生在1985年题为《中国的智慧》的演讲中，首次用"乐感文化"这一概念来指称以儒学为正统的中国传统文化。在李泽厚看来，"因为西方文化被称为

① 程颢、程颐：《二程集》，中华书局1981年版，第1263页。

'罪感文化'，于是有人以'耻感文化'或者'忧患意识'来相对照以概况中国文化。笔者仍以为这不免模拟'罪感'之意，不如用'乐感'文化更为恰当。《论语》首章首句，'学而时习之，不亦说乎；有朋自远方来，不亦乐乎？'孔子还反复说，'发愤忘食，乐以忘忧，不知老之将至云耳'，'饭疏食饮水，曲肱而枕之，乐亦在其中矣'。这种精神不只是儒家的教义，更重要的是它已经成为中国人的普遍意识或潜意识，成为一种文化——心理结果或民族性格。'中国人很少真正彻底的悲观主义，他们总愿意乐观地眺望未来'"①。在随后的学术讨论中，"乐感文化"的提法，逐渐得到了学界的首肯。

更准确地说，"乐感"是相对于中国人的国民品格而言的。其实，中国古人也有类似的观点，他们对"乐道"的阐述就提供了"乐感"的历史基因。我们以为，尽管其他民族也有对"乐"的肯定之思想，但是，中国传统文化特别是儒学却是将"乐"上升到根本精神的高度，中国古代先哲们对"乐"作出了理性的洞观。"儒家的人格通常被归结为'孔颜之乐'"②，它是一种"圣贤之乐"。尤其是北宋以降，宋儒视"孔颜之乐"为其孜孜以求的境界追求，并认为"孔颜之乐"表现于外就是一种洒落自得、悠然安乐的"圣贤气象"③。

以"孔颜乐处"这一哲学命题为核心，中国儒学对"乐"的追求，自先秦孔孟始，发展至宋明理学，形成了内涵丰富的"乐道"体系，包含着"悟道"（"乐道"的前提）、"体道"（"乐道"的旨归）和"信道"（"乐道"的自然完成）的整个过程，它是本体论、认识论、价值论和工夫论的

---

① 李泽厚：《新版中国古代思想史论》，天津社会科学院出版社 2008 年版，第 247 页。

② 李萍：《论中国茶道对儒家自然观的扬弃》，《北京科技大学学报》2016 年第 1 期。

③ 冯友兰：《中国哲学史新编》第 5 册，人民出版社 1988 年版，第 121—123 页。

合一。^①宋明理学家们认为，具有了道学、体会到了道之高精神境界的人，他本身所有的感觉是"乐"，这种"乐"就是"孔颜之乐"。孔子曾提出"知之者不如好之者，好之者不如乐之者"。在这里，"好"具有对象性，其内涵仍然有物我之分；而"乐"才是真正感觉到为己所有，这种"乐"，是在主观内在自觉基础上达到的顿悟之乐。"中国儒者所谓心性之学，或义理之学，或圣学"，是"把人类自身当作一主体的存在看，而求此主体之客观存在状态，逐渐超凡入圣，使其胸襟日益广大，智慧日益清明，以进达于圆而神之境地，情感日益深厚，以使满腔子存有恻恒之仁与悲悯之心的学问"。"这种学问不只是外表的伦理规范之学，或心理卫生之学，而是一种由知贯注到行，以超化人之存在自己，以升进于神明之学。"^②

就儒家而言，虽然士人在"士不可以不弘毅"的征程上"任重而道远"，但是乐道所催生的乐感人生态度有效缓解了求道理想与现实境遇间的紧张关系，使得士人能够在"有道则见，无道则隐"中游刃有余，在"隐居以求志"中"久处约"，在"不忧"、"不惑"、"不惧"的统一中"长处乐"。^③这样的"乐"，是放下世俗功利欲求而志于道的至乐，是"在知其不可为或者无力改换他人/外部社会时，仍然顽强保留自身的处世原则、固守内心的道德律，这是以一己之力抗争凡俗世界、庸常

---

① 参见王芳芳：《二程的"孔颜乐处"观探论》，湖南师范大学硕士学位论文，2010 年。

② 牟宗三、徐复观、张君劢、唐君毅：《为中国文化敬告世界人士宣言——我们对中国学术研究及中国文化与世界文化前途之共同认识》，封祖盛编：《当代新儒家》，三联书店1989 年版，第 50 页。

③ 参见张骏翚：《试论隐逸文化中的"乐道"传统》，《四川师范大学学报》2006 年第2 期。

大众的随波逐流，不做犬儒，宁愿放弃世常的功名利禄以求取个人的精神圆满。"① 当然，隐中求乐，需要强大的内心支撑和"大隐隐于市"的智慧，惟其如此，才能享受处喧嚣而"心远地自偏"的超然之乐。

"乐"是中国文化传统的重要主张，甚至也可以说是它的一大特点。孔子曾言，"知者乐水，仁者乐山"，孟子提出"与民同乐"，《太平经》云："人最善者，莫若常欲乐生，汲汲若渴，乃后可也。"西方哲人提出了德福一致，中国文化传统更加倾心于"德乐合一"，如助人为乐、乐善好施等，都是将行善、助人与快乐联系在一起。这样的快乐是一种因所认同的价值得到实现而产生的内心愉悦，是一种精神快乐，体现了"众乐乐"般的精神快感。值得注意的是，"乐"的精神还使中华茶道明显有别于日本茶道。日本茶道生发于佛教寺院，最初由出家人阐发和传承，以后形成的茶道流派"三千家"，也严格维护了师徒授受关系，具有高度的封闭性，因此属于小众文化或雅文化。日本茶道在精神内涵上突出的是施茶、吃茶过程中的寂、静、敬的成分，走向了纯粹形式化的理念体悟。中华茶道之乐重申了对此世的投入，由此对人身处其中的境遇予以深度关切，因此，中华茶道具有更加平实的表现形式和更加生活化的现实关怀。无数的历史事件表明，无论身处何种情境下，多数中国人都易于快速接受现状，这与中华茶道乃至中国文化传统中的乐观主义是分不开的。②

明朝园信的一首诗《天目山居》就对此作出了十分贴切的描述："帘卷春风啼晓鸦，闲情无过是吾家。青山个个伸头看，看我庵中吃苦茶。"

---

① 李萍：《论中国茶道对儒学生命观的扬弃》，姚新中主编：《哲学家 2015—2016》，人民出版社 2016 年版，第 275 页。

② 参见李萍：《中国文化传统与茶道四境说》，《北京科技大学学报》2015 年第 5 期。

这首诗向我们传达了一位闲情逸致的隐者被众多青山伸头探望其吃茶的宜人景观。纵然吃的是苦茶，当事人却能在其"闲情"中感受到隐者之乐，作为旁观者的我们也可以设身处地感受到他的快乐。这大抵是能够吸引中国现代艺术家丰子恺先生用漫画的笔触去描摹该景致的原因吧。

在人得乐、悟道之"超化"的过程中，茶能润泽之、馥郁之，理而后和，达致全德。中华茶道，成于唐，盛于宋。在被誉为"龙凤盛世"的宋朝，涌现出蔚为壮观的茶道文化。从皇室到民间，茶道渗透于社会的各个阶层，以至于举国上下"倾身茶事不知劳"。宋徽宗虽然在治国理政方面昏庸无能，但是他在书法、茶、诗等方面颇有建树。他以陆羽的《茶经》为立论基础，结合宋朝的茶事实际，写就了一部茶的专论——《大观茶论》，对宋朝茶文化做了系统的普及，他本人也被誉为"茶叶皇帝"。宋徽宗在此书中非常精辟地指出："至若茶之为物，擅瓯闽之秀气，钟山川之灵禀，祛襟涤滞，致清导和"，"冲淡简洁，韵高致静"，认为品茶能够"沐浴膏泽，熏陶德化"。

2. 茶有大益

以传承儒学为己任的中国传统文人士绅阶层是中国传统文化的主要建造者，同时也是他们所处时代的社会精英，因他们掌握了儒学理论而得以上知天文下知地理、文能写作武能带兵，官宦朝廷会向他们请学问计，贩夫走卒向他们看齐。这些深受儒学熏陶的文人士绅们，每日的主业或者是读经研史、聚徒授业；或者是棋琴书画、自娱自乐；或者坐而论道、评点江山，其间茶成为不可或缺的调剂，一人独品，二人对饮，三人欢聚，饮茶成为文人间沟通、交往的重要媒介。茶无可置疑地成为了中国文化的一个重要符号，茶有大益最早被传统文人士绅们身体力行。

中华茶道的现世性很好地落实了儒学的现实主义关怀。儒学相信常识，秉持中道，排斥极端激进主义，无论是抱残守缺的保守主义还是破字当先的理想主义，都不能得到儒学的首肯。受此影响，中华茶道兼容并包，地方性的茶俗、历史性的茶礼自不用说，贡茶、名茶、乡间野茶都可以登堂入室，文人茶、寺院茶、淑女茶、市井茶都有一席之地，既然人"百里不同俗"，茶也"各山不同味"，茶农和习茶人因地制宜，且不断推陈出新，茶种、茶类、茶品、茶款在今日多达数千种，放眼全世界，整个中国就是一个巨大的茶博物馆。这就使得全世界的饮茶者都羡慕中国的茶人有如此口福和礼遇，这显然得益于儒学的"和而不同"的精神。茶有大益，因为茶益人益己，茶可以和天下。

在云南，如今每年茶季都举行盛大的斗茶比赛，斗茶比赛夺魁的人，既有种植茶树的高手，也有精制干茶的能工巧匠，更有泡茶出神入化的茶道师，技高一筹的人往往是对茶有独到体会的人，他们识茶性，懂茶相，他们在制茶、泡茶中完全依据茶本身的特性，充分展示茶的最佳状态，可以说实现了人与茶的深度融合。换句话说，斗茶，所折射的也是茶人的参同之乐，是基于熟稔于心之上的融合之乐。

饮茶的乐趣虽然起源于古老的东方，但通过丝绸之路、茶马古道等途径传播域外之后，也被广泛接受。作为世界三大无酒精饮料之首，茶的本性就其自身而言既是包容的，也可以成为饮者的伴侣。茶有很广的适应性，它能够与奶、果汁、糖、香料、酒等多种食物、饮品相搭配，被调制成风味不同的饮料，所以茶得到了众多的拥趸者，被世界上不同国家的人们所共同喜爱。比如，在蒙古草原，茶叶传入后，改善了游牧民族的营养结构。蒙古人将茶与奶合饮制造出了奶茶，同时奶茶也成为了这个本来无茶民族的文化象征。一片茶叶，在融合中丰盈自身，在参同中升华自身，茶叶也因此实现了自身的丰富性。

为了保持茶叶风味与品质的稳定，同时也为了保证工业化的大量生产，国际通行的茶叶加工方式是拼配。拼茶师依据口感、色泽和香气等不同要求，将数种或数十种茶叶按一定比例加以均匀的混合，这就是拼配茶（Blended tea，又译混合调配茶、调配茶、混合调制茶等）。依拼配工艺的不同，又可以分成等级拼配、茶山拼配、茶种拼配、季节拼配、年份拼配、发酵度拼配等不同种类。尽管国内很多人对拼配茶有成见甚至误解①，但应当承认，拼配茶在国际市场上非常普遍，茶叶拼配不仅是广泛通行的做法，而且也是检验企业实力的因素。可靠的拼配技术可以保证稳定的茶叶品质，茶叶的品质365天、在任何地方都一致。现代的大型茶叶公司大都会采购几十甚至数百种世界各地生产出来的茶叶，自身保有的科技力量之一就是技术娴熟的拼茶师，他们的主要工作内容就是研究怎么拼配才能获得最好的品相、口感。拼配不是胡乱混搭，而是要依据专业性的判断和科学的测量，所以，拼配出来的茶叶也有完全不同的等级，有着差异极大的经济价值，当然，它们所带来的口感和品鉴感受也十分不同。不过，理想的拼茶师同时也是真茶人，他要喜茶、惜茶，经过他的手拼配出来的极品茶其实反映的正是他作为茶人的主体性在人、茶互动中的完成，这也可以看作是拼茶师匠人精神的现实化成果：放下杂念，志于拼配之道，参同拼配之乐。

大益集团拥有国内领先的拼茶技术。例如，普洱茶的"T家族"

---

① 在华人世界，无论是港台地区，还是大陆的饮茶人群中都有许多人对此存在不小的误解，以为匹配茶就不纯正。其实，过于追求所谓"纯料"并非科学的做法，也不符合现代饮茶理念。

（Technology of Blending）系列就是由骨灰级拼茶大师将不同个性的叶片按照"拼配主题"有序地组合在一起编成有情节有层次的滋味故事，这就产生了极为理想、高性价比、极受消费者热捧的产品。小黑罐普洱熟茶（T24\T36\T48），拼茶师们基于40余年发酵经验，将来自云南的大叶种，依产区、年份、采摘季节和选料等级的不同，编纂出有滋味有情节的故事；小金罐普洱生茶（T55\T66\T77），拼茶师们基于勐海茶厂70余年的生产经验，将来自云南的大叶种，依产区、陈化年份、采摘季节和选料等级的不同，组合成一曲普洱生茶的交响乐章；小白罐草本茶（T43\T53\T83），将源自东方的天然草本茶与德国进口的天然草本茶加以匹配，同时采纳了德国式严谨拼配技术，口感和气味变得广袤丰富，包含了酸、甜、苦、辛、花、果、蜜等多种滋味香气，特别值得一提的是，该系列草本茶不含咖啡因，适合大多数人饮用。

虽然儒学的出发点是自然血亲关系，但并没有止步于此，相反，它不仅提出了"类推"、"自省"的方法加以推广，而且也主张对"涂之人"的关心。例如，《礼记·礼运》篇所设想的大同世界就是惠及了所有人的，"人不独亲其亲，不独子其子，使老有所终，壮有所用，幼有所长，鳏寡孤独废疾者皆有所养……是故谋闭而不兴，盗窃乱贼而不作，故外户而不闭，是谓大同"。孟子的"老吾老以及人之老，幼吾幼以及人之幼"，也体现了对陌生人的关照。这一精神体现在中华茶文化上，就是茶的平和性、通用性，这使得茶在历史上扮演了行善积德的载体之用。这就是在中国很多地方都曾经广为盛行的施茶的传统。至今还有一些地方有所保留，成为了淳朴民风和浓浓人情的象征。施茶者日行小善，既帮助了他人，又提升了自身的精神世界，茶造福人们，施茶有大益。

在浙江宁海县城，东西南北门的茶堂免费施茶已经有上百年时间，在乡间的路旁也有不少茶堂，虽老旧破败，但在炎炎夏日总有一群本地的老人轮流烧茶，免费供行人饮用。宁海的施茶历史很久远，现在已经没有人能够说清楚究竟起于何时。茶堂在宁海本地亦称路堂，是路旁或跨于道路中间的廊式建筑，内设固定木、石条凳，供路人歇脚、消暑，是人行道上的公益设施。宁海的每所茶堂，都有一份烧茶人的名单，且有专人负责，烧茶人多的往 200 人以上，年龄最大的 80 多岁，最年轻的也有 50 多岁，但大多数在六七十岁间。

在浙江绍兴越城区钟堰村，有个小有名气的"钟堰老人施茶会"。1993 年，钟堰村的 14 位老人组建了施茶摊，每年农历五月初十到八月初十的三个月里，只要不下雨，他们就会在路边摆上茶摊，为路人免费提供热茶水。每年都有上千人给他们捐款，用于维持茶摊的运作。84 岁的余阿王对采访的记者说："只要干得动，就会做下去。"茶摊能运转下去，老人们很高兴，但他们也担心后继无人，因为经济条件好了，愿意捐钱的人很多，但很少有人会花时间到茶摊来帮忙。我们相信，老人们的担忧在不久的将来会得到圆满解决。

客观而论，唐代是中国文化达到全面成熟的时期，中国传统文化的主体内容已经定型，儒学得到了系统化总结，儒释道的合流也开始有所胎动，此时此地所产生的任何新的文化内容不可能不深受三者的影响。萌芽于唐代的中华茶道，其精神内涵和文化底蕴同样也无法脱离儒释道三家。然而，我们必须承认，最浓厚的一笔、最深刻的印痕依然来自儒学。理而后和、借茶获得身心双修的茶有大益思想，都是儒学影响下的产物。

2008 年北京奥运会的开幕式美轮美奂，惊艳四座，给世人留下了极其美好的回忆。作为第一次在中国举办的奥运盛事，开幕式的一个重要功能就是将中国代表性的文化符号浓缩凝聚并充分展示出来。汉字无疑是中国文化的重要载体和标志性产物。开幕式的导演们当然想到了这一点，在整个开幕式中通过表演者的队形变换推出了两个汉字：一个是"和"，一个是"茶"，前者代表了中国文化的基本精神——和为贵、和气生财、家和万事兴，后者代表了无数普通中国人的日常生活方式——种茶、制茶、品茶。茶的种植、饮用以及由此扩展开来的茶生活方式、茶文化、茶道等都是中华先祖留给我们的宝贵财富。我们应当善加维护，一代代地努力培育出好茶树、制作出好茶叶、冲泡出好茶汤，让中华茶道在源头上永远立于唯我独尊的世界高度，并随着中国的和平崛起和"一带一路"倡议的实施而走向全世界，惠泽全人类。

三、放下：与茶无对

"与茶无对"其实就是茶人对求放心这一心境的追求，它表达了中华茶人的精神追求：一方面与茶一体，茶与人、人与茶合二为一，茶人以奉茶、侍茶为终生志业，从而与茶不二，与茶同体；另一方面对茶不存分别心，不重某茶轻某茶，只要是符合自然习性、安全可靠的茶皆欣然接纳，不以自己的好恶遮掩茶相，乐于品鉴所有茶类。"放下"之所以可能，是因为在茶人心中已经先有了宇宙天地，从而能够在心中对宇宙天地始终抱持敬畏，努力以有限生命之小我去追逐无限生命之大我。大益八式的最后一式也是"放下"，这既指茶事中的某个特定动作，如放下茶杯、归置茶具、收拾茶席；又指茶人在冲泡茶、品饮茶时应持有的豁达心境，也就是舍弃无谓的烦扰，去除羁绊与纠结，做了断，下决心，以便重整旗鼓、重振精神，再出发。这与儒学求放心的工夫论不谋而合。

1. 求放心的工夫

孟子曰："学问之道无他，求其放心而已矣。"（《孟子·告子上》）所谓"求放心"就是将放逐于外、失之于蔽的心追回，重新安排妥当，时时关注心之所系。孟子又说："仁者如射，射者正己而后发，发而不中，不怨胜己者，反求诸己而已矣。"（《孟子·公孙丑上》）"求"其实不过是通过存心养性、扩充本心的方式或过程予以实现，因此，"求放心"其实就与我们在导论部分提到的儒学要义"尽心"、"知性"、"知天"等思想是紧密相关的，"求放心"成为了儒学个体修养论完整闭环中一个必不可少的环节，它可以保证人性善这一基本预设的完美落地。

宋明时期的儒学大家们反复玩味、诠释的"道问学"也是要摆脱为物所缚的陋见误解，向内用力，直抵人心深处。清代大儒戴震在《孟子字义疏证》中作出了如下解释："古贤圣知人之材质有等差，是以重问学，贵扩充。"尽管儒者对"道问学"有多重理解，从而形成了不同的派别，但在主张通过追问（求索）、学习（读书）来获得"道"这一结论上是没有太大分歧的。换句话说，个人的资质有别，起始点有异，但求道的方式九九归一，核心要义无外乎精心、虚意、至诚，辅助的方法是读书（以探求前人的心迹）、事功（检验读书、思考的效果），以便全面细致地思虑，最终接近至道。

纵观陆羽毕生的事茶之路，《茶经》就是他以茶悟道、虔诚侍奉茶的结晶，也可以说是他以此"求放心"的方便法门。陆羽一生没有成家，也未步入仕途，他研习过儒释道三家思想，他的时间、精力乃至全部生命都献给了他所挚爱的茶事业。正是因为陆羽完全达到了与茶一体、在茶中求放心的境界，使其在访茶问道、品茶鉴水中获得了思想的洒落自由，也成就了他的融和、率性、通透等品格，从而得以撰写《茶经》，为后人留下了千古绝唱，他本人也因此获得"茶圣"之尊称。

陆羽兼采众长，在修茶的道路上始终没有停止探索的步伐，孜孜以求将心安放于对茶事的精通、熟稔上。他在幼年时被龙盖寺智积禅师收养，得以有机会接触到了茶，壮年后，在湖州与禅师皎然上人结为"缁素忘年之交"，二人亦师亦友，以诗茶修身，皎然在《寻陆鸿渐不遇》一诗中，曾对陆羽的日常生活做了如下记载："移家虽带郭，野径入桑麻。近种篱边菊，秋来未著花。扣门无犬吠，欲去问西家。报道山中去，归时每日斜"。在《九日与陆处士羽饮茶》中，皎然描述了二人在妙喜寺重阳节聚首的情景："九日山僧院，东篱菊也黄。俗人多泛酒，谁解助茶香。"不仅如此，陆羽还从他的红颜知己、中国第一位女茶师——李冶道士处学得了道家的精义，与她的多年交往使陆羽在品茶技术的提升和对茶性的了解上都有了极大的长进。

正因为陆羽兼修儒释道，有人将陆羽的身份归结为隐逸之士，或者说隐者，这是卓识之见。陆羽"拥有儒士和隐者的双重文化性格，而这个矛盾恰是陆羽所处盛唐时代文人普遍存在的困惑"[①]。在《茶经》中，陆羽对"伊公羹，陆氏茶"的用力着墨，在茶炉上镌刻"盛唐灭胡明年造"，他被同时代的诸多好友尊称为"陆处士"[②]，我们都可以看出陆羽

---

① 关剑平：《陆羽的身份认同——隐逸》，《中国农史》2014 年第 3 期。

② "古之所谓处士者，德盛者也，能静者也，修正者也，知命者也，箸是者也"（《荀子》）。一般而言，"处士"一词在古代指有才德而隐居不愿做官的人；后来泛指没有做过官的读书人。

以茶论道的国家民族意识。在获悉智积禅师圆寂后，陆羽悲痛赋诗《六羡歌》："不羡黄金罍，不羡白玉杯，不羡朝入省，不羡暮入台，千羡万羡西江水，曾向竟陵城下来"。陆羽在茶中安顿自我的志趣追求跃然纸上，这也正是求放心的工夫在茶人身上的现实化。

对茶人而言，"求放心"既有实体性的要求，也有精神性的要求。前者的内容包括对茶的知识的广泛涉猎，在制茶、泡茶上的精益求精，对茶具、茶器、茶室、茶台等的一丝不苟等，总之，要点是对茶本身的在乎；后者的内容则包括品茶时的心境通透、谈茶时的恬淡、喝茶时的精神投射等，核心是对自身心灵归处和精神安放的深究与关切。所以，有人说，"善茶之人必有五美，味之美、器之美、火之美、饮之美、境之美，茶的境界与诗情道心并无分别，境界高的人才能泡出天人合一的滋味"①。

当一个茶人在静品茶汤时能够并愿意感受天地造化之妙，他就开启了寻求廓然于天地境界的征程。这样的征程因为是关乎个人精神世界，它的时间可长可短，形式不拘一格，关键是"求放心"，在喧嚣、浮躁的世间安顿心灵，满足来自内心的精神成长的要求。这恰恰正是"放下"所带来的人生哲学启迪，它通过茶艺流程、茶道演示等手段借茶喻理，将天地大公的道理向茶叶作出意向投射，得此精妙体会的人就会"宠辱不惊，看庭前花开花落；去留无意，望天上云卷云舒"（语出《菜根谭》）。人在品茗赏茶的过程中感恩上苍的眷顾，感悟人、茶、天地的深层关系，从而放下无谓的世间名利争执，心无挂碍，对他人无报偿之念，寻找精神的自我，即反观自身、确立自性，个体之我得以安顿。

---

① 林清玄：《茶能生善》，《中国茶叶》2011 年第 1 期。

2. 茶粹天地

"粹"的本义是"精米"，如《天工开物》曰"播精而择粹"，后引申为"精华"，指某事物的精要、精彩部分，如"国粹"。茶集天地日月之精华，天地不言，以茶代言，茶是天地赐予人的良品美物。品茗活动（茶会、茶聚、茶艺演示、茶道学习等）将茶介入人的世界，成为人的存在的辅助，人在品茗中调动了感官，开发了心智，澄明了品性，人的生存在此时此境中被定格。茶与人的共处实际上包括了时间、空间、他者、心理、审美、信念等全方位的多个层面，"茶"之所以成为中国文化的一个重要符号，就在于茶融入了多数普通中国人的日常生活，真切地刻画了其中的寻常，同时也因关联中国人的情思而进入中国社会的人文精神领域。茶粹天地中，茶是媒介，人因此获得天地赐与，感恩天地，天地因庇护了人而得到人的敬拜，茶人通过奉茶成为了传道者，传递天地的讯息，接受人应当何为、如何过有意义的人生的启迪。

好的生活才是值得向往的生活，而"好的生活"是就价值层面而言的，包含了人类普世价值，可以为人生终极意义提供托付的良善价值。中国茶人讲究品茶，首先要喝出好茶，茶叶是不可忽视的重要元素。对茶叶的色、香、味及审美意境的追求一直是中国茶道的重点。从唐代之前的夹杂他物的混煮法到唐代的煮茶法、宋代的点茶法、明清时期的散茶泡饮法，泡茶方式朝着自然、简约、生活化的方向发展①，今日的我们有责任接续中国茶文化的传统，不仅要充分知晓上述历史进程，而且

---

① 相应地，茶叶的制造方式也从蒸青压汁、制饼过渡为烘青、炒青、摇青等方法，制造出能显示茶叶自然形态、色泽、香味的绿茶、黄茶、白茶、青茶等各类产品，形成了千姿百态、异彩纷呈的茶的世界。

要以当代人易于接受的方式去阐释中国茶文化，将"茶粹天地"的文化精神融入现代国人对"好的生活"的追求之中。

"茶粹天地"其实也反映了一个历久弥新的问题，即如何协调统一人的社会关切与个体安顿。传统儒学对此有过很多思考，也提出了不少有启示的见解。例如，"心与事合一"的主张就很有意义，清儒李季豹对"心与事合一"做了如下解释，他认为此"事"即为善事，"心与事合一"的实践，是从有意为之到为而无意的道德践履，是对"事"的超越。① 是"必有事焉而勿正心，无忘无助长"的"心下快活"。同样，"循理"也可以做到二者的协调。"循理"能够"各得其分"，各得其所。每个人都具有维持其个人利益和社会利益的双重需要，正是因为这两种需要的客观存在，才凸显出社会制度与规范的重要性，遵守之，就会使整个社会机制健康有序地运转，在此情况下，就能保证上述双重需要的实现。如此一来，既可以使个人因其自身个人利益的满足而获得一种满足感，又可以使社会共同利益得以实现，使得他人也能够获得心情恬淡与愉悦，最终达致"至和"的甘甜。

朱熹曾以茶论德，以茶修德。他蛰居武夷山 40 多年，对"建茶"十分推崇，因为"建茶如'中庸之为德'，江茶如伯夷叔齐。又曰《南轩集》（南宋名臣张栻著——引者注）云草茶如草泽高人，腊茶如台阁胜士。'似他之说，则俗了建茶，却不如适间之说两全也"（《朱子语类·杂类》卷 138 "道夫"）。上文中的"建茶"，系福建建瓯北苑所产的"龙凤团饼"，因以腊为面、囊以红纱，又称为"腊茶"，很早就被赋予贡茶的地位，所以享誉朝野。朱子认为，"建茶"之膏本偏于厚，制

---

① 参见李煌明：《孔颜之乐——宋明理学中的理想境界》，《中州学刊》2003 年第 6 期。

作时榨去过剩的膏脂，故其味不浓不淡，不厚不薄而归于"中"；"建茶"之味"正"而长，而归于"庸"，故在诸茶中最具中庸之德：进则为"台阁胜士"，退则为"草泽高人"。因此朱子把武夷茶比喻为"成德之君子"。"江茶"是产于江浙地区的"草茶"，味清而有草气，虽有清德而失之"偏"[1]。朱子通过品鉴武夷茶，希冀人们砥砺前行，品悟茶德，努力向上成就"至德"。

真正的鉴赏家式茶人，会在亲自烹制一壶茶中感受茶粹天地的精妙，因为中华茶道主张的"茶粹天地"其实是包括了烹茶之粹和饮茶之粹两个方面。例如，林语堂先生用清新的笔墨描摹了他的故乡流行的一种泡茶方法："茶炉大都置在窗前，用硬炭生火。主人很郑重地扇着炉火，注视着水壶中的热气。他用一个茶盘，很整齐地装着一个小泥茶壶和四个比咖啡杯小一些的茶杯。再将贮茶叶的锡罐安放在茶盘的旁边，随口和来客谈着天，但并不忘了手中所应做的事。他时时顾着炉火，等到水壶中渐发沸声后，他就立在炉前不再离开，更加用力的扇火，还不时要揭开壶盖望一望。那时壶底已有小泡，名为'鱼眼'或'蟹沫'，这就是'初滚'。他重新盖上壶盖，再扇上几遍，壶中的沸声渐大，水面也渐起泡，这名为'二滚'。这时已有热气从壶口喷出来，主人也就格外地注意。到将届'三滚'，壶水已经沸透之时，他就提起水壶，将小泥壶里外一浇，赶紧将茶叶加入泥壶，泡出茶来。这种茶如福建人饮的'铁观音'，大都泡得很浓。小泥壶中只可容四小杯，茶叶占去其三分之一的容隙。因为茶叶加得很多，所以一泡之后即可倒出来喝了。这一道茶已将壶水用尽，于是再灌入凉水，放到炉上去煮，以供第二泡之

---

[1]　巩志：《宋儒朱熹与武夷茶》，《茶叶通报》2000 年第 4 期。

用。严格地说起来，茶在第二泡时为最妙。第一泡譬如一个十二三岁的幼女，第二泡为年龄恰当的十六女郎，而第三泡则已是少妇了。照理论上说起来，鉴赏家认第三泡的茶为不可复饮，但实际上，享受这个'少妇'的人仍很多"①。在林语堂先生看来，自己亲力亲为的泡茶与等着别人泡茶自己来喝茶，这二者间的不同类似于以牙齿咬瓜子壳之乐和吃瓜子肉之乐的区别，感受茶粹天地不仅在饮茶中，更要在烹茶、冲泡的过程之中。烹茶人对茶汤火候的关注、对投茶时机的把握、对泡茶工序的讲究，这些都是茶粹天地的具体再现。整个烹茶过程，其实就是烹茶人的情感投射，它是烹茶人放下一切杂念，全身心烹制快乐的过程。随着一杯茶的新鲜出炉，烹茶人也完成了自我的圆满，由茶见性、因茶见天地式的精神救赎。对资深茶人来说，在每日生活中冲泡出好的茶汤、喝到一款纯正口味的好茶，就可以达至千金不换的"求放心"的状态。

宋代的蔡襄在《茶录》中说："茶味主于甘滑。惟北苑凤凰山连属诸焙所产者味佳。隔溪诸山，虽及时加意制作，色味皆重，莫能及也。又有水泉不甘，能损茶味。"蔡襄是监制贡茶的官员，他对当时主要的茶包括茶性、茶品、茶类都十分熟稔，他注意到好茶往往产自某个特定地域，跟山势、水源、风向等关系甚紧，如果不是得益于好山好水，人力再补救也难产出上等的好茶。现在大陆茶界，特别是深浸普洱茶、武夷岩茶之中的老茶人们，风行喝某个山头、某条沟溪、某棵古树上的"纯料茶"，这样的做法也几乎达到了古代茶痴的程度，可谓古风回流。这本身无所谓好坏，就个人而言，只要不本末倒置，不将其全部身家性命都搭进去，不影响家人的正常生活，这就悉听尊便，无可厚非；就社

---

① 林语堂：《生活的艺术》，陕西师范大学出版社 2003 年版，第 176—177 页。

会而言，只要不以次充好、以假充真，不一窝蜂跟风，也不必大加鞭挞，因为不同人士对某类茶的极端需求正体现了茶文化的多样性和丰富性。重要的是，还是应当遵守传统儒学反复倡导的，量力而行，适时而为。过犹不及，凡事一旦过了头，总会物极必反，招致危害。

3. 茶外无物

"茶外无物"的说法是我们的独家体会，但它不是信口开河，其来有自，直接受益于明代心学大师王阳明"心外无物"的启发。在阳明先生看来，"心"有多个含义，但核心是"天理"①，即支配人类活动、判断行为的终极标准。"物"其实包含了"事"和"物"两个方面，所以，他说："身之主宰便是心，心之所发便是意，意之本体便是知，意之所在便是物。"②"心外无物"这一命题包含了三层含义：（1）意之所在便是物，物是因意而生，意是本源；（2）人赋予事物以意义，事物即便存在也只是了无趣味的枯死者，只有人的心与之发生联系，即人去感知它、认识它，它才进入人的世界，从而获得了意义；（3）仁者的境界，仁者当以兴天下救黎民为己任。阳明先生承继了宋代思想家陆九渊的理论，他们的理论被统称为"陆王心学"。在宋明时期，与心学相对立的理学占据了主导地位，成为了官方正统学说，但在民间社会、在传统士大夫的人格塑造方面，心学居功甚伟。

---

① 需要注意的是，王阳明所讲的"天理"与程朱的"理"或"天理"有所不同。程朱认为理为天地、人物存在之本且先在于天地人物；王阳明采纳的是天人合一的思维模式主张"心即理"。

② 王阳明：《传习录》（上），《王阳明全集》（上），吴光等编校，上海古籍出版社2011年版，第6页。

我们对"茶外无物"的理解也包括了三个方面：第一，它是茶人的社会存在方式，茶人心中只有茶，以茶来设定人际交往深浅的幅度和范围，从而决定自己在关联的社会关系中怎样投入，也因茶来识别他人，茶人间相互欣赏，彼此珍惜，形成了茶人的交往世界。第二，它是茶人的认知方式，茶人借茶观物，由茶喻理，茶人的思维、感知、职业认同都有了别具一格的独特内容。第三，它是茶人的价值承载方式，茶人将己比拟为茶，将茶化身为己，寻找生活意义，安放心灵慧命。在有茶的日子中去除无谓的尘世纷争、名利纠结，品茶的同时不断自我确信，做一个自我赏识的人。

"茶外无物"不仅针对的是资深老茶人，对茶人，退一步而言，即便是初涉茶界的人，若能专一在心志上下工夫，获得"心外无物"的涵养，他也会受益终身，并会比别人更快习得茶道，感受茶的美妙。一切喜茶的人都因茶的益身成分和恰当的饮茶方式而获益，其中只有一小部分喜茶者愿意借茶磨炼心性，投入足够的时间和精力去探求茶道，这些人即便是喜茶者中的少数，但却可能最终体悟到"茶外无物"的境界而成为众人的楷模。孟子曾言，"故士穷不失义，达不离道"（《孟子·尽心上》）。一位真茶人有着强大的内心，困顿时不失礼节、不乱分寸，成功时不偏正道、不离常理，茶人每日的品茗就是在修炼内心、澄明心境，长此以往，当他成为一名真正的茶人时，他就会因有茶的生活而坐拥幸福，为选择了与茶相伴的事业而自豪。

作为一种价值承载方式，"茶外无物"也可以成为全体喜茶人，特别是真茶人的信念。中国传统文化缺少末世宗教，不具备基督教中的上帝、末日审判、来世救赎等观念。中国本土产生的道教注重炼丹、羽化成仙、长生不老，域外传入的佛教也以弘扬佛法、普度众生、护佑苍生为主，占统治地位的儒家及其学说本身也对超验世界的追求起到了限制性干预的作用，因为儒家提供了世间信仰或者说入世的学说，它通过祖先崇拜、安土重迁、礼仪教化、日用伦常等构建出中国文化的现实主义生活态度。在现代社会，尤其是物质生活条件丰裕之后，后物质主义价值观开始流行，有越来越多的人更加在乎个人的个性、生命的终极意义、人应当如何自处等精神、信仰方面的问题。茶汤和品茶就可以成为步入不离世俗的信仰世界的捷径。

孟子的"万物皆备于我"观点可以看作"茶外无物"信仰的思想基础。孟子曰："万物皆备于我矣！反身而诚，乐莫大焉！强恕而行，求仁莫近焉！"（《孟子·尽心上》）孟子的"万物皆备于我"，超越了"物""我"之间的二元主客对立，将"我"置身于"天人合一"之整体性层面去言说，以"诚"为求道路径，实现"物""我"融合的悦适。程颢指出："孟子言'万物皆备于我'，须反身而诚，乃为大乐。若反身未诚，则犹是二物有对，以己合彼，终未有之，又安得乐？""人之情各有所蔽，故不能适道，大率患在于自私而用智。自私则不能以有为为应迹，用智则不能以明觉为自然。"[1]程颢强调，只有摒弃"二物有对"的主客对立的二元思维，从本体的角度放弃分别万有的所谓"智慧"（"用智"），祛除个体依据自身欲望而产生好恶（"自私"），认识万物与个体同一的不二关系，体认到个体存在与天道的浑然一体，使自己的内心有主而不为客观事物和主观思虑所羁绊或呈现放纵的状态，从而达到运化万有而无思无谋的境界，换句话说，物我无对的境界。[2]

---

① 程颢、程颐：《二程集》，中华书局 1981 年版，第 461 页。
② 参见王毓：《二程"圣人气象"说及其理论意义初探》，《船山学刊》2012 年第 1 期。

虽然是"茶外无物",但这不等于茶人修行要闭门造车,因为说到底,中华茶道不是根源于形上大道或者说形上大道下贯的结果,相反,它是自下而上的进阶后达到的结果,换句话说,它是由生活情趣,例如茶汤之乐、茶器之精、茶室之雅等上升的心境、提炼出的思虑,中华茶道包含了审美、怡情、修身等多方面的诉求。茶本再普通日常不过,但极品茶却可遇不可求;茶道乃生活道,人人可企及,但通透明亮的茶道真谛却难以言说,需要每个茶人自悟自证。"茶外无物"体现在每次的茶汤冲泡和品饮之中,不离茶事说茶道、不离茶汤说信仰,这正是中华茶道的现实性、生活性的体现。

"放下",作为大益八式行茶法之一式,在行茶上的具体步骤包括尽杯谢茶、归置茶器、礼谢嘉宾等环节,但在精神上则要求习茶者观照内心、自省自悟。掌握"放下"的要领在于,茶人要深刻领会行茶过程同时也是茶者的茶道实践,由此体悟茶道义理。放下,是一种人生智慧。只有放下,才能获得自由的心灵;只有放下,才能获得快乐的生活;只有放下,才能拥抱幸福的明天。[1] 享受放下,参悟人生。一切放下,一切自在;当下放下,当下自在。

《中庸》有言:"诚者,天之道也。诚之者,人之道也。诚者,不勉而中,不思而得,从容中道,圣人也。"人为万物之灵长,它在世间的使命之一就是"为天地立心",但人不可胡乱造次,相反,要诚心正意,至诚无二。"诚"不只是人应持有的态度、立场,同时也是"天之道"显现自身的方式,具有本体论意义。人的所作所为必须受"诚"的指引

---

① 参见吴远之:《大益八式:中国茶道研修方法》,中国书店 2014 年版,第 4、11、177 页。

和约束，以诚行之，就是"人之道"。只有圣人才能"从容中道"始终不离不偏"诚"，因此，世人必须时时心生敬意，向圣人学习。然而，必须指出的是，有现代学者认为，中国儒学缺乏知识论传统，因为没有将知识问题独立出其他领域，从而导致了将知识问题与价值问题相混淆的结果。此观点十分中肯。我们今天继承儒学的思想遗产不可照单全收，需要进行批判性扬弃，并进一步作出创造式转换。在天地人关系的问题上同样应当如此，既要吸收儒学将人的使命、价值依据交付于天地同在的综合体系之中的宏大事业，又要防止以应然取代实然式的"自然主义谬误"①，对天地人的关系作出符合时代精神的新阐发。中华茶道的构建正可以成为类似努力的极佳样本。

---

① "自然主义谬误"（the naturalistic fallacy）语出英国现代哲学家摩尔的《伦理学原理》一书。他用该词指称那些将"自然客体"与"思想客体"混为一谈的做法。

结　语

/茶/道/即/人/道/

南宋刘松年《斗茶图》（局部）

我们依据中国传统儒学的义理重新检视中华茶道的形成历史、发展演进和基本价值，可以得出一个基本结论：茶道即人道。中华茶道不离茶，更不离人，茶为人享饮，人在品茶中悟道，人、茶、道三者之中人最具主体性。有人也许不会赞成茶道即人道的观点，这种认知上的分歧十分正常，但有人连"茶道"都反对，认为喝茶就是喝茶，茶中无道，这样的观点我们就难以苟同了。"茶在农产品中是属于文化、艺术性较强的一种，这显现在它的色、香、味、形、风味上之细致、丰富与多样化，而且在冲泡与享用时足以再产生第二次、第三次的意境、美感、思想性创作与价值。"[①] 茶道当然存在，但它确实不在茶树、茶青、干茶上，而在品茗这一人与茶的互动过程中，具体地说，正是"品"这一动词表达了人的思绪、情感的投射以及茶汤带给人的感动、领悟，我们认为，茶道是真切的有，以人道形式呈现出来的茶道正是中华茶道的重要特质，也是儒学所影

---

① 蔡荣章：《现代茶道思想》，台湾商务印书馆 2013 年版，第 152 页。

响、诠释出来的茶道精义。

一、茶道的世界

享受茶生活方式的人们总会时时感受到，一旦选择了以茶为伴的生活模式，就开启了在茶的世界不断进阶的征程。要学的茶知识很多，要品的茶类很多，要悟的茶道思想很多，感觉每日的时间根本不够用，同时也意识到在茶上花的时间越多，自己的喜爱程度就越深；思虑、品鉴的工夫下得越大，自己的茶道认识水平提升得就越快。这不是某些茶人的偶然现象，而是所有茶人都会经历的心路历程，因为茶道并非静止的理论知识、历史掌故或泡茶仪轨，而是永无止境、不断深化、绵延拓展的进阶通道，人们在茶道上的点滴体悟、思虑沉淀下来又堆积上去，成为进一步体悟、思虑的再出发点，茶道就呈现为至大无边的世界。

1. 一茶一世界：茶道中的多

茶道的表达通常是在品茶过程中予以体验或者品茶后的回味、反思之中，其内容则主要关乎个体生命、生活的内心世界或者人类存在意义、如何与自然相处等大问题的深切体验，但中华茶道具有浓郁的"即物性"，它强调茶性（茶的种类和品质）、饮茶时节（季节和时辰）、饮茶环境（茶室布局和装饰）、饮茶同人（同伴和对饮者）等等因素的同时在场和相互匹配，好茶、美景、知己是体悟茶道不可或缺的要素，好茶的口腹之愉、美景的怡情之真、知己的交心之乐，共同促成了美妙的茶道体验。因此，中华茶道是一种生活之道，是不离实物的世间道。[①]

　　冯友兰先生曾在论及"道"的概念时总结了"道"的六种含义。第一是"路"，引申义是"人在道德方面所应行之路"，例如"君子务本，本立而道生"（《论语》）；第二是"真理"，例如"朝闻道，夕死可矣"（《论语》）；第三是道家的"真元之气"；第四是"运动的宇宙"；第五是"无极而太极"之"而"；第六是"天道"。[②] 可见，中国古代思想家们对"道"的理解给出了多个面相，今人无法仅从某个专门的方面来全面把握"道"的概念。那么，"茶道"之"道"是哪个含义的"道"呢？例如，因为"道"有时可以看作是"路"，所以，有人将茶道、茶艺相等同，强调茶道要有相对固定的行茶法和明确的仪轨。"道"有时又可以看作是"真理"，于是有人主张茶道无非是对人生意义的追问。从哲学角度看，严格说来，"茶道"不属于中国哲学的概念，它只是中国传统文化的一种表达形式，所以，"茶道"之"道"与哲学意义的形上大道有所不同。我们主张将茶道之道理解为"运动的宇宙"，中华茶道是一个未完成的创作，饮者借助茶在茶室空间与自己、与友人进行心的对话，人、茶、时空等多个要素都参与其中，每次品饮都有新的发现，茶道是永远行进的河流。

　　不仅如此，茶道还因包含了多重茶文化体系和多元茶道精神而呈现出多样性，有人将此描述为"一茶一世界"。如果说茶人的生活是丰富的、茶人的精神追求是高远的，那么，可以说每个茶人都为自己构建了一个"茶道的世界"。茶人在他精心营造的茶道世界中，安放的是情感、

---

　　① 参见李萍：《论中国茶道对儒学生命观的扬弃》，姚新中主编：《哲学家2015—2016》，人民出版社2016年版，第274—277页。

　　② 冯友兰：《新理学》，北京大学出版社2014年版，第103页。

精神和信仰等多重思想元素，"茶道的世界"成为茶人间相互赏识和彼此激励的精神家园。

在此，我们不妨对"世界"这一汉字词语做个字源性质的考察。《说文解字·十部》指出，"世，三十年为一世"。"世"字的本义是"三十年"，引申义指"父子相继为一世"，后又引申为"后嗣"、"世世代代"、"时代"、"年"、"人的一生"等多个含义。佛教传入中国后，用汉语翻译佛经时出现了"格义"，这为许多汉字增加了新内容、新词义，佛教就用"世"字指"过去、现在、未来"。那么，"界"字呢？《说文解字·田部》对"界"的解释是"界，境也。从田，介声。"其本义指不同地域交接的地方，即地界、边界、尽头。引申义指"界限、范围"，后又引申为"大自然中动物、植物、矿物等的最大的类别"。"界"还是一个佛教用语，是梵语"驮都"（dhātu）的音译，指"差别、不同的种类，或产生它物的原因"，例如"三界即欲界、色界、无色界"，例如"法界"等。佛教经典或佛教法师经常将"世"、"界"二字连用，例如"大千世界"，指的是流转于轮回之中的色空世界。可以说，"世界"一词是佛教中国化之后创造出来的新词。如果要表达与此类似的意思，儒学通常使用的是"天地"、"天下"、"宇宙"、"方圆"等。19世纪下半叶随着西学东渐之风兴起，在译介西方著作时，很多汉语原词又被赋予了新意义，例如，"world"最初被翻译为"万国"，后接受日本人的翻译"世界"，今日我们讲到的"世界"已经不再是汉字词汇的本义或古义，而是有了全新的内容，指国家间的往来。现代汉语中的"世界"一词就包含了国际、人际、特定的场域等多重含义，这些内容既反映了与时俱进的时代性，同时也与古典文明保持了或多或少的关联。

相比于其他生活样态，茶道的世界至大至极。在历史上，它首次出现在大唐盛世，开启了成为中国传统文化代表性思想符号的历程，以后通过边贸、丝绸之路等途径扩大到边疆、牧民居住地，茶叶成为他们生活的必需品，茶道与他们的民间信仰、地方习俗相结合，丰富了当地人的精神生活。之后又被佛教徒、学者、知识人带入朝鲜和日本，从而形成了东亚文化的共同基础，至今仍然是东亚文明交流、融汇的重要载体，今日中日韩三国人仍然受此恩泽，继续推进茶道的交流和融合。在大航海时代茶又被传入欧洲，通过欧洲上流社会的示范，在全社会形成了下午茶、茶会、茶馆等新的生活方式和新的公共空间，同时也成为了东西文化交流的成功范例。

在茶人的世界中，往上可以追溯古代先贤，茶人在精神上将他们视为自己的前辈、同侪；往下可以延伸至后代后世，为来者树立样板和楷模，将过往、今天和未来联系起来的正是流动的茶道传统。茶人受益于茶道传统，同时自己也构成了茶道传统的一部分，并因自己的言行而增益了茶道传统。其实，"传统"本来只是今人建构出来的，其发生的历史和可能的意义只有被今人解读，才能被今人认识，从而被今人判定为值得发扬的"传统"。茶人在茶道的世界中复活并不断演绎茶道传统，从而不仅升华了自己，也传承光大了中华茶道源流，茶人们不断续写的茶道传统同时也转化为茶人的自我精神写照，这就是茶人的人道。真茶人在创造茶道传统中再现自己，在替天行道中塑造人道，茶人的哲思和修行与中华茶道的复兴和传承两个看似不同的过程却是共在共存、相依相伴的。

总之，茶道的世界并非物理意义上的实指空间，相反，它主要是指茶人以及资深品茶者们自己营造出来的精神世界，或者与若干知己、茶道同仁共同构建的心灵交往圣地，是一个情感共鸣、思想相通的虚指空间。"喝茶当于瓦屋纸窗之下，清泉绿茶，用素雅的陶瓷茶具，同二三人共饮，得半日之闲，可抵十年的尘梦。喝茶之后，再去继续修各人的胜业，无论为名为利，都无不可，但偶然的片刻优游乃正亦断不可少。"① 周作人先生所描述的就是这样一个理想之地。

茶是中国人的日常生活必需品，同时，茶在中华传统文化中源远流长，由它发展出来的茶道世界显示的是中国人的生活态度、人生品位，以及对人际交往、社会秩序的认知。茶人刻意营造并维护这个精神世界，其实就是为自己的精神成长开辟一个通道，在喧嚣的尘世生活中安顿心灵，以慰藉自甘于清苦的精神。一茶一乾坤，一汤一世界，中国人的乐观、入世的生活态度及其精神追求都由此得到了张扬、烘托。

2. 味蕾通大道：茶道中的一

梳理茶史就会发现，中国人饮茶方式的变化轨迹经历了由煮茶法（将新鲜茶叶投入水中烹煮并加入其他佐料后饮用）、煎茶法（将加工后的饼茶炙烤、碾末后投入沸水中加入其他佐料搅和而饮用）、点茶法（将加工后的饼茶碾末置茶盏中注入沸水用茶筅击拂后饮用）到泡茶法（将加工后的散茶置于茶盏中注入沸水冲泡直接饮用）的演变，贯穿这一演变轨迹的主线是什么呢？一方面茶的原味真性日益得到彰显，茶中有益健身的物质成分得到极大保留；另一方面饮茶方式越发化繁就简、饮者越发大众化，茶道日益成为"味蕾通大道"、"生活即道"的最具体代表，茶道的生活性得到贯彻。这里包含了中华茶道对常态生活事件的日常性

---

① 周作人：《喝茶》，转引自马明博、肖瑶选编：《我的茶——文化名家话茶缘》，中国青年出版社 2012 年版，第 107 页。

与非日常性之紧张关系的消解。

例如，在流传至今的泡茶法中，无论是茶艺师泡茶还是受邀嘉宾饮茶，都必须将自己毫无保留地代入其中，全身心地感受茶的美好，放松地享受品茶的过程，此时所有的元素都作为主体而非单纯的客体或被动的对象参与其中，亲力亲为、身临其境方可有最真实的感受，茶道中的"一"其实就是主体间的互动而生成的精神构造物。无数个体所感受到的茶道，自然各自有别，千人千面，中华茶道的"一般"或者说"一"正是对这些鲜活、灵动的茶道体验（"多"）的高度抽象和提炼。在从特殊到一般，又从一般到特殊的无数循环往复的过程中，无数普通茶人个体的茶道体悟因其融入、吸收了中华文化的精华而被定格，同时也成为中华茶道的印证而被纳入中华茶文化的源流之中。可见，中华茶道正是借助一个个茶人的日常茶道体悟获得生命力，茶人的修己正人也因再现了中华文化的基本精神而获得意义，成为中华文明生生不息的活水源头。

茶人无疑首先是爱茶的人，他们对茶的厚爱常常是无以复加，宁愿舍弃其他也绝不怠慢茶。历史上的茶人们赋予茶种种爱称、美名以表达他们的无尽爱意，例如茶通常又被茶人们称为佳茗、叶嘉、雪芽、灵芽、瑞草、雀舌、玉露等。古代的知名茶人们更是风雅，他们将茶视为亦师亦友的同道者，给茶取了不少雅号，如"苦口师"（皮光业）、"晚甘侯"（孙樵）、"余甘氏"（胡峤）等等。裴汶在《茶述》中对茶极尽赞美之辞，他说："其性精清，其味浩洁，其用涤烦，其功致和。参百品而不混，越众饮而独高。"其实他夸的并不只是茶，而是对茶人的品性、茶事的公益、茶道的境界等多方面的肯定。他满眼所见不再是茶水、茶汤，他已经直接进入茶道境界，与茶融为一体，成为了茶道的代言人。

我们说"茶道中的一"，这是实说，这也是我们贯穿在全书着力阐述的基本观点；"味蕾通大道"则是虚指，只是一个借代或比喻，茶道本非大道，味蕾只是人的感官知觉，所得到的经验或知识也不过是小道。我们借味蕾这一桥梁，但又不依附、拘泥于桥梁，走过桥梁后踏上宽阔的通途，寻找人间正道、生命常理。对茶人来说，每日或每次的泡茶都是给自己亲近茶的时机，动员全部的感官、释放味蕾的欲望，全身心去感受茶，然而，茶汤的滋味千变万化，我们的味蕾接受到了这些讯息，通常就会浅尝辄止，但我们的思绪却可以飞出茶汤之外、飞出茶室空间，遨游在茶道体悟的世界，其间有生命、生活、人类、真善美等普遍性价值或终极追问，我们驻足片刻就可以让心灵获得充电，在精神、信仰的领域，茶汤被暂时遗忘，茶人的社会身份也被过滤，此时我们只是作为"人类一员"、"茶道中人"进行思想激发和价值认同，"茶道中的一"让我们获得了做人的独特性，即尊严、沉思、自我确信。

茶道是中国茶文化的核心内容，因为茶文化包含了差异性、地方性、时代性等诸多方面，对茶文化之"多"进行"一"的抽象和提炼，就是茶道研究要完成的工作。从这个意义上说，茶道中的"一"，也是对分布各地、分散在各种茶类中的茶文化进行理论的总结。在作出理论总结的过程中，我们还会遇到一个棘手问题：我们如何在快速变化的现代社会对地方文化、对儒学思想、对茶道作出符合时代精神的阐发？如果今天的我们不能对这些问题作出合理有效的回答，我们就无法承上启下、继往开来。

在 20 世纪初中国学术界曾出现过一场重大争论，起因于张之洞主持的学校教育改革，围绕"新学"、"新式教育"应设怎样的课程展开了激烈的争论。1904 年，张之洞等人主持制订的《奏定大学堂章程》获得清政府恩准，准备推行。该章程规定大学堂分预备课、大学专门分科和大学院三级，其中大学专门分科又分设政治、文学、格致、农业、工艺、商务、医术七科。此方案一公布，王国维就撰文予以激烈的批评，认为独缺哲学是该《章程》的一大败笔，因为哲学是一切人类思想的根基。"《易》不言太极，则无以明其生生之旨；周子不言无极，则无以固其主静之说；伊川、晦庵若不言理与气，则其存养省察之说为无根柢。故欲离其形而上学而研究其道德之哲学，全不可能之事也"①。王国维非常明确地将哲学作为一门独特的且基础性的学科，同时坚定地认为中国传统思想的精华也在于拥有了哲学之本。② 争论的结果是清廷被迫作出调整，以后开设的多个新式大学堂都开设了哲学课程。从现代学科划分和教育体例来看，中国传统思想的核心内容基本都被划入人文学科之中，这些思想内容被粗暴地分别划入现代学科的不同门类之中，例如文学、语言文字学、史学、哲学、宗教、艺术等等，这很可能会阉割中国传统学术和思想，中断其连续的生命力。我们万不可过于拘泥于西方式的学术体系或深陷于西方话语之中，而要首先审读、深思中国古代先贤圣哲的思想智慧，读通读透，然后做好创造性转化的工作。那种不加分辨地简单抛弃的做法就如同"将婴儿连同脏水一起倒掉"，实质上暴露出了深层的文化不自信。由于自然科学体系的推进和西式认知逻辑的传播，传统儒学的诸多重要概念、命题都受到了重大挑战，例如"天地"、"性命"、"求道"等都被替换掉，现代中国社会正在陷入文化无根、思想无由、学术无派的贫瘠境地。我们应对此持有高度的警觉。在茶道领

---

① 《王国维遗书》第 4 册，上海书店出版社 1983 年版，第 38 页。
② 参见李萍:《在地普遍性的比较哲学何以可能》，《中国人民大学学报》2017 年第 6 期。

域同样也面临着这样的问题，茶人的修养、茶艺的仪轨、茶德的规范等等，都需要在继承中发展，在推陈中出新。

二、茶与现代生活

任何文化都是要"人文化成"的，在具体实现手段上，可能会采取图像、语言、文字、符号等不同表达方式，通过不断回归、不断彰显、不断落实，将形成相对稳定的教化系统，之后这个教化系统就会沉淀出自身的思维方式或者说文化传统。就中国古代文化而言，道家"能知古始，是谓道纪"，儒家讲回溯到三代的尧舜之道。中华传统文化的独特之处在于，它不断回溯根源，并以此返本开新。从现代性角度看，"返本"与"开新"并非两个独立不相干的过程，相反，它们有主次之别，开新重于返本，开新才是目的，返本只是手段。这里其实包含了古今差异：中华传统文化肯定的是循环式思考，受到西方文化、现代文明洗礼的现代人则倡导进化式螺旋上升的思考。中华茶道则可以勾连起古今中外，因为它的温润、淡泊、雅致，为人们提供了对真善美的孜孜追求。

1. 茶道的温润：万物平等

中华茶道的温润品格，显然来自儒学的嫡传。儒学一贯强调仁爱、公平、温厚、体恤等品格，这些关爱性、主动示好或友善的行为，不仅具有积极增益他人、增进社会秩序的功用，同时也是丰富个体人格、精神修养和健全心理素质所必不可少的品行。在儒学的价值谱系中，善优先于正当，价值优先于效率。用现代词汇来讲，儒学重视的是价值理性而非工具理性，是美德伦理而非规范伦理。这一明确的价值主张或人格设立都极大影响了中国人的民族精神和中华文化的走向。

温润者有容乃大，可以兼容天下万物，从而坚守了朴素的平等主义立场。儒学的平等不只是在人际间的社会层面和政治层面，还包括了人与自然、人与众生的，即与万物的平等。不过，儒学所讲的万物平等是事先预设了主动的发出者这一平等价值的实施者的。对非生命体而言，人是主体，人同时也是众生平等的实施者；对弱者而言，强者是主体，强者就是强弱平等的实施者；对幼者而言，长者是主体，长者是长幼平等的实施者；等等。当然，儒学的平等不是墨家式的兼爱或者基督教式的博爱，而是承认差等的平等，差等的依据是自然的血亲，不同血亲系列的人之间是不平等的，而相同血亲系列的人之间是平等的，这其实是承认既定的自然家庭关系对人的义务要求的优先性。这一要求即便在现代法治社会也得到了充分的尊重，例如家庭成员在民事诉讼中的豁免权。

在古代汉语中，"万物"经常与"天下"在同一的含义上使用，它既可能是虚指，意涵合理性的终极依据；又可能是实指，包括普天之下、万世万民，国不分大小，人不分老幼，皆为天下之人，甚至自然万物、山川河流皆可纳入天下之中。这其实表现出了一种世界主义情怀，这也是为什么总有人主张儒学具有超国家、超历史的普遍合理性之理由。

茶者是将自己比拟为茶、愿意终生侍奉茶的人。茶者的人格定位最突出地表现在两个方面：一个是隐士的豁达，一个是玉石般的温润。与茶相伴的人通常不会过于在意人世的喧嚣、名利的争执，相反，他们更容易被那些非人的事物或现象所感染或打动，例如，他们常常会驻足和流连于植物的纤细、山川的秀美、茶汤的绵厚等非物质性的方面，他们不愿意纠缠于俗物琐事，所以，他们身处闹市却心静如水。此外，由于不断受到大自然馈赠物——茶叶和茶汤的滋养，茶者的性情也发生了显著变化，他们待人接物通常会更加平和，行事做派更加稳重，他们给人的深刻印象就像玉石般温润。古人云：水至清则无鱼，人至察则无徒。茶者是个茶痴，痴迷于茶，将精力和时间都投身于茶，了然于世外，也就多了份洒脱，为人处世更加自如从容。

我们都知道，干茶有树种、产地、采摘季节等方面的差别，茶汤有滋味的不同，泡茶师冲泡出的茶汤也各有千秋，但茶人总是切忌持有分别心，一切茶均要善待，全体来客均要敬重。这就是茶道的温润，平等地接纳全部茶事、茶人、茶德，这并不是很难、很高的要求，在很多地方的茶礼、很多流派的行茶法中都有所体现。大益八式就很好地贯穿了这一精神，在坦呈、分享、放下等多个环节都清楚明白地强调持有平等心和温润态度的重要性。

2. 茶道的淡泊：宁静致远

就保存下来、沿袭至今的各种中华文化传统而言，茶道是最具有代表性的一个，它不仅凝结了中国文化的基本特质，而且也发展出了多种表现形态，具有广泛的地域性，同时也顺应不同的时代格局而有所损益。可以说，中华茶道是包含了众多差异性于一体的复杂体系，儒释道三家各有自己的茶道，社会各阶层也有不同的茶道，不同地方的茶道更是异彩纷呈。和而不同、求同存异、美美与共，这是面对中华茶道多元性表现所应该保持的恰当态度。因此，中华茶道的推行有望在不同人群间搭建起沟通、互动的平台，它所维护的基本理念——和平、善意、自省，这些都有利于化解现代社会的人际冲突，降低非根本利益性对抗的发生频率。例如，浙江省部分县市至今仍然保留着"吃讲茶"的风俗。发生争执的双方在同村长辈的召集下一道喝茶，将各自的诉求和分歧焦点摆在桌面上，由中立的第三方予以评议和调停，品茶过程中怨气、怒气渐渐消散，双方的相互理解和共识得以建立，纷争和可能的伤害得到终止。

明末清初的杜浚在《茶喜》一诗的序言中提到："夫予论茶四妙：曰湛、曰幽、曰灵、曰远。用以澡吾根器，美吾智意，改吾闻见，导吾杳冥。"在杜浚看来，茶的"妙"会带来品茶者在身心、才智、审美、信仰等多个方面的改进和提升。我们认为，杜浚所讲的"论茶四妙"其实就是淡泊，诚如他所言，中华茶道表达出的淡泊精神，一直激励着茶界中人、茶道修行者不断向内挖掘、开出内心的功力，宁静致远，成为精神自足的人。

在现代国际交往和国家文化传统的交流中，中华茶道也将大有作为。中华茶道凝聚了中国人国民性中的乐生、怡情；中国文化的内敛、入世；东方文明中的自然主义倾向。在全球化时代，中华茶道正可以成为中华文明的使者，与东亚诸国进行文化交流，与韩国茶道、日本茶道同源异趣、相得益彰；同时还可以与西方的咖啡文化、酒馆文化形成对照，成为东方文化的重要代表，在处理国际事务或者国家间关系时起到润滑、中和的调停作用，共同推动人类生活品质和文化追求的提升与发展。

快节奏生活方式、大众消费方式等正在成为当下社会压倒性的时尚，显示了现代生活的日常性和大众化，它确实具有传统生活方式所缺乏的便捷、省力、标准等优点，但同时也有物欲化、均质化的不足，这些不足加剧了很多现代人的焦虑、恐慌等非日常性心理、生活状态，许多人怕跟不上时代、担心被边缘化、忧虑职场竞争而陷入心理亚健康境地。若能够在每日的某个时段坐下来喝杯茶，静心看茶叶上下沉浮，品茶汤爽口清心，享受品茗带来的片刻欢愉和释放，中华茶道就可以成为无数普通现代中国人寻找乡愁、建立共同民族记忆的最佳载体。

"中国思想中最崇高的概念似乎是道。所谓行道、修道、得道，都是以道为最终的目标。思想与情感两方面的最基本的原动力似乎也是道。成仁赴义都是行道；凡非迫于势而又求心之所安而为之，或不得已而为之，或知其不可而为之的事，无论其直接的目的是仁是义，或是孝是忠，而间接的目标总是行道。"[1]"道"不只是至上大道，还有很多寻常生活中的"道"，只要在某个领域做到娴熟、精致，就可以由技入"道"。同样，只要善加寻求和悉心维护，芸芸众生也都可通达茶道。通过适时地参加饮茶品茶或者茶道体验活动，人们不仅获得了身心愉悦，同时也习染了人文素养，并在持续的人文素养的滋养下实现天（道＝知识）、地（茶＝媒介）、人（饮者＝求知者）的三位一体。

"茶"，当它还仅仅是长在树上的叶子时，它跟人就没有任何关系，因为它存在于人的世界之外；开始被人药用或食用之后，"茶叶"或"茶汤"就进入人的视野，成为人的行为或活动的对象物，但此时茶叶或茶汤还只是满足了人的口腹之欲、去疾疗伤的需要，仅仅具有工具性意义；待提出茶道时，人们开始与茶发生了深度勾连和心理关切，不再只是简单地喝茶，而是主体投入其中的品茗、赏茶活动，在此由茶和人构成的定在中，人将茶作为观照的他者，同时将这个他者拟人化，反观自身，从茶性得出茶德、从茶汤悟出茶礼，饮茶过程成为尘世间的修行，

---

[1]　金岳霖：《论道》，中国人民大学出版社 2010 年版，"绪论"第 17 页。

茶室幻化为人生修道场，同饮一壶茶的茶友成为了精神伴侣，在宁静致远中充分感受茶道的淡泊。

3. 茶道的雅致：怡情闲趣

中华茶道的雅致体现出了秀美，这具有浓厚的审美趣味。据说真正谙茶者在头三杯不事任何言语，静静品茶，全身心关乎茶土泡茶的一举一动，用心体会茶汤之味、茶器之美、茶艺之精、茶席之雅。茶道本身会引起品茶者在观赏过程中的心理投射，茶道的审美形式具有洁净、古典、优雅等特性，这样的审美体验打上了东方式迷人风情的印记。

对茶道雅致的感受，古人就有深刻体会。信奉儒学的中国士大夫们很早就提出了茶道四境说，分别是：物境、艺境、人境、心境。明代的书画家徐渭（1521—1593 年）被世人称为"茶痴"，他最明确提出了宜茶境界说，认为物境、艺境、人境、心境俱美者乃宜茶最高境界。物境指饮茶的空间环境，主要不是指人为建造的居室、楼宇，而是自然天成、幽静清雅的场所，如竹海、梅林、泉边、湖畔等；艺境指使用器具的造型、冲泡或饮用之法的得体、抚琴弄箫的声乐等共同构成的雅致脱俗的氛围；人境则指嘉宾来客与主人的融洽关系，专心于饮茶，彼此声气相投、趣味相和；心境指在饮茶过程中的特殊心态、情绪，即专注于品茗，忘却世间万象，努力达成人与茶、茶与人合二为一，一心悟道，由此求得物我两忘、豁然开朗的澄明状态。

中国古人提出的茶道四境说正是儒学基本精神和人生态度投射的结果，它包含了诸多儒学的经典价值主张。第一，与茶友、茶侣、茶伴的分享、共情。独品、独饮自然也是喝茶的一趣，但儒学理念下的茶道更加推崇的是与友人、故人、知己的分享、共情。第二，不事雕琢的巧夺天工。意指器具、环境、冲泡茶汤的仪轨等，这是儒学自然主义的一贯主张。一等饮茶环境一定是竹林、梅海、溪边、松下、临泉等纯自然环境；二等环境才是远离尘嚣、人为构建出的僻静场所，如私家花园、私密会所、古刹名寺等。闹市中的茶馆茶楼早已经沦落为经营场所，不再是怡情修身之所。第三，全身心投入。冲泡者、品饮者皆用心而为，一丝不苟、器具清洁、室内整洁、话语干净、话题脱俗，在品茗及其交谈的过程中，当事人不仅获得身体的放松和感官的享受，还同时得到了心的提升和精神的释放。可谓心身、灵肉俱满足。

中华茶道的雅致尤其体现在茶室的独特设计上，好的设计师和有品位的茶室主人都会刻意营造茶室空间的脱俗性、自然性，将时间因素巧妙地融解到茶室的不同主题设计风格之中。中国人喝茶可以从早到晚，时间似乎停滞了，时间的意义消逝了，重要的是跟谁在一起、身处怎样的环境，这些都可以划入到空间要素之中。虽然中国茶分产地、产区；饮茶方式也有地域差别，但各地的茶室、茶馆的陈设在理念上都大多刻意滤去了时间的向量，突出了地域风情和风土特征。品茶过程中茶者（包括茶人、茶客、茶主）的思想沟通不是靠语言传递，而是靠共感、靠情感共鸣，这样的情感分享与特定的场景及其要素相匹配，它是以彼此共在、身心在场为其表现形式的。与此相对，西方人的喝茶则非常不同，他们用时间来度量茶，喝的是晨茶、上午茶、下午茶、晚茶，茶就像钟表一样提示人正处于作业或行为的某个阶段，所凸显的是茶外之人的所作所为。茶只是工具性存在，茶为人所用，仅此而已。①

茶只是万千植物中的一种，本是具体实在之物，茶自身是无法企及

---

① 参见李萍：《中国文化传统与茶道四境说》，《北京科技大学学报》2015 年第 5 期。

道的，是人赋予其道的属性。但应看到，被视为道之载体的茶也非普通茶，借茶悟道的人也非一般人。如果任何茶都可寄托道，任何人一喝茶或者茶一入口随时都可感受到茶道，那么此道非茶道，不过是便宜说法甚至只是无稽之谈。宋代欧阳修总结出的是茶新、水甘、器洁、天朗、客嘉"五美"俱全方可达到"真物有真赏"的境界。此五美很难同时兼具，很多时候喝茶只是为了解渴，并不能体悟茶道。茶道的雅致带来了怡情闲趣，它的中心是人而非茶，亦非器、景，但人又是在景中用器饮茶的，人统领其他却不离其他，人的在场由此凸显。这样的茶道审美之核心命题正是对茶人（包括茶主、茶客）的肯定，特别是茶人内在心迹的澄明。茶人就是在品茶中不断精进，在真善美三个维度同时发力，成就心中理想的自己。

元赵原《陆羽烹茶图》（局部）

附　录　大益茶道何以可能

大益茶道之开创与发展的主体是大益集团，它是大益集团在推广中国茶文化、提升现代品茗境界、构建茶道学的过程中提出来的。大益茶道是一个理论与实践相结合的完整体系，且还在继续深化和拓展。本书正文部分的框架就是以大益茶道研修方法——基础茶式（也称大益八式）为主线，用中华传统儒学义理加以解读而写成的。那么，大益茶道的基本理念是什么？大益茶道在当代中华茶文化复兴中具有怎样的意义？我们可以从大益茶道获得什么样的启示？这些问题虽然并不构成本书的直接内容，但一定会有许多读者迫切期待得到答案，我们特增设附录以飨读者。

1. 中华新茶道的开拓者

不可否认，关于茶道的定义和理解，国内至今仍然有许多争论和分歧。不少前辈学者对中华茶道的基本精神作出了不同的概括，他们都试图尽可能全面地总结中华茶道的核心理念。例如，吴觉农先生在《茶经述评》中将茶道理解为"把茶视为珍贵、高尚的饮料，饮茶是一种精神上的享受，是一种艺术，或是一种修身养性的手段"①。吴先生因茶本身的"珍贵"、"高尚"而肯定饮茶的"享受",同时强调了茶道的"修身养性"的功能。庄晚芳教授在《中国茶史散论》中提出,"茶道就是通过饮茶的方式,对人民进行礼法教育、道德修养的一种仪式"②,此种理解似乎把"茶道"等同于"茶礼",茶道的推广类似于正式教育机构的专职工作。

20 世纪八九十年代以降,茶文化和茶道研究在大陆复兴,许多学者和学术机构纷纷参与进来,一些知名茶企和茶界意见领袖也不甘落后。大益集团就是其中一个突出代表。众所周知,国内现有的茶道阐述,大多都是学者个人提出的,特别是茶学、茶文化领域的学者,他们通过撰文立著,阐明自己对茶道概念的理解,并由这样的理解建构相应的茶文化理论体系。大益集团推出的大益茶道则十分不同。它是由一家民营股份制企业基于对中华茶道的现代使命之理解而提出的。2010 年元旦,大益集团董事长吴远之先生在北京首次公开分享了他多年以来对中国茶道的感悟和思考,系统提出了以茶圣陆羽为宗师,以"惜茶爱人"为宗旨,以"洁静正雅"为审美纲领,以"守真益和"为修心法则,以基础茶式为研修方法的大益茶道。同年 5 月,隶属于大益集团的大益茶道院(ACCTM)在昆明正式成立,致力于推动中国茶道的职业化进程。吴远之先生创新性地阐释了"茶道师"的概念,以推行职业茶道师资格认证为手段,建立茶道师阶位秩序,为茶人提供终身研习茶道的平台。这不仅显示了大益集团在茶文化传承和企业社会责任方面的担当,同时也可以视为大益集团在中华新茶道方面探索的新成果。

---

① 吴觉农主编:《茶经述评》,农业出版社 1987 年版,第 190 页。
② 庄晚芳编著:《中国茶史散论》,科学出版社 1988 年版,第 198 页。

大益茶道给出的茶道概念解释为："一种以茶为媒的生活礼仪，也是一种能给人们带来审美愉悦的品茗艺术，更是一种修身养性、感悟真谛的方式。茶道的定义为：茶道是人类品茗活动的根本规律，是从回甘体验、茶事审美升华到生命体悟的必由之路。"[①]如果说回甘体验是茶的"滋味"，茶事审美是茶的"品味"，那么，生命体悟则是茶的"真味"。茶道正是从回甘体验（滋味）、茶事审美（品味）升华至生命体悟（真味）的过程，此种"三味一体"的体系建构，体现了由外入内、由生理到心理、由物质到精神的逻辑过程，涵盖身心灵三个层次的生命需求和体验。这一界定既肯定了中华茶道不离茶味、茶性的即物性，同时又从生理、心理和信仰等三个方面架构了中华新茶道的外在表现形态。大益茶道的概念还充分揭示了茶道体验和追求中的个体差异与人类共识之间的张力关系，既指出了茶道中的一般和普遍（生活礼仪和根本规律），又看到了茶道中的特殊和个别（回甘体验和生命体悟），这就可以兼容多种形态的品茗生活方式和茶事活动形式，可以说，这一茶道概念因其开放性，可以包容多元文化、多种努力的未来面相，从而正在成为中华新茶道的样板。

大益茶道所确立的宗旨为"惜茶爱人"。这是值得称道的。吴远之先生认为，"惜茶爱人"代表了茶行业应该遵循的基本规律，成为种茶、做茶、泡茶、品茶的根本要领。它是两个方面的有机结合：一是"惜茶"之心，二是"爱人"之意。"惜茶"侧重于技艺，是基础和方式；"爱人"则侧重于人文，是目标和方向。这两方面相辅相成，不可分离。从人茶道三者关系来看，"惜茶"揭示的是人与茶的关系，"爱人"揭示的是人

---

① 吴远之主编：《大学茶道教程》（第二版），知识产权出版社 2013 年版，第 159 页。

与人的关系。茶道以茶为媒，以仁为本，培育的是仁爱之心，乃是人文之道，是对传统真善美价值观的传承。大益集团茶道还提出了以"洁静正雅"为内容的美学体系、以"守真益和"为原则的修心法则和以"大益八式"为冲泡手法的修持仪轨，这些内容成为大益茶道理论的一部分和实践中的演习方式。可以看出，大益茶道是一个具有丰富内涵的体系，其中包含了爱、智、美三元素：爱，是大益茶道的本质；智，是大益茶道的内涵；美，是大益茶道的形式。正因为有了深厚的理论积淀，大益集团不断推出富有创意和建设性的茶道活动，例如，在茶修中推出了人文茶会的仕席。"茶之温润，文文儒雅；君子涵养，绅绅为'仕'"，举办仕席之要旨正在于使茶道师反向内求，在雅致宁静的慢生活中修身崇德、涵养品格。显然，大益茶道的上述理念与传统儒学思想具有很高的契合度。

不难看出，大益集团的过人之处在于：它很明确地将自己定位为民族品牌企业。这包含了三层意思：其一，它要满足当代中国人的生活需求。其二，它要发掘和创新中国传统茶文化。对外要与日本、韩国竞争，还要与台湾有别；对内则要树立业界声誉和培育茶业界的文化内涵。其三，它要提升茶道，在尊重已有的茶俗、茶礼、茶艺的基础上，还要独辟蹊径、披荆斩棘，开创出"中华新茶道"。

作为中华新茶道的开拓者，大益集团在很多方面都令同行望其项背，不断被模仿却很难被超越。早在 2010 年 9 月，大益集团就获国家批准设立了博士后科研工作站。他们与安徽农业大学、西南农业大学、云南省微生物研究所等多家学术机构合作，开展茶生物学等领域的科研攻关项目，同时也借助大学的学术研究力量以及自身的博士后流动站的人才培养体系在茶道学（包括茶道美学、茶道心理学、茶道哲学等）方面作出了领先性的研究。2013年，大益茶道院专门成立茶道学研究部，承担起茶道学术与研究平台的建设工作。以大学茶道的发展为契机，以茶道理论的学术研究与艺术实践为内容，系统开展茶道哲学、茶道艺术学、茶道心理学等方面的理论与应用研究。致力于茶道学学科体系建设，培养和发掘优秀茶道科研人才，搭建中国茶道学科体系建设及研究平台。

一种新兴职业的崛起，需要有强大的学术理论基础作支撑。吴远之先生提出，茶道应该成为一门专业、精深、厚实的学问，即"茶道学"。茶道学，不同于茶文化专业，它是一门独立的分支学科，有思想内容的发掘、审美意境的追求与人文精神的传达。它有理论体系，也有实践方法；有思想深度，也有艺术表现，集历史、文学、宗教、哲学、美学、民俗、养生、音乐、绘画、园林、插花、香道、陶瓷艺术和茶艺实践为一体，是一门交叉性、综合性、实践性很强的学科。

作为一门综合性的学科，茶道学汇聚了多学科的理论精华，除了茶道的基础理论研究外，还包括茶道艺术学、茶道心理学和茶道哲学三大研究方向：茶道艺术学（茶道美学），主要从美学和文化学的角度探讨茶道艺术原理，发掘茶道艺术的人文精神，同时探讨茶道的审美主体、审美客体、审美体验以及审美评价等内在规律。茶道心理学，作为现代心理学研究的一个分支，主要研究人类品茗活动的行为及精神过程，探求茶道心理的内在机制。茶道哲学，主要探讨茶道中的世界观与价值体系、茶道与儒释道的关系、茶道与西方哲学的关系、茶道与宗教信仰的关系、茶道对现代人的哲学启示等。

为此，茶道学研究部与四所顶级名牌大学达成战略合作：与北京大学心理学系联合成立"茶道心理学研究所"，系统开展茶道心理学研究、茶消费者心理研究等系列科研；与清华大学美术学院联合成立"茶道与艺术研究所"，开展茶道艺术精神的理论探索，并创办《茶道与艺术》杂志；与中国人民大学联合成立"茶道与哲学研究所"，着手开展茶道哲学的系列研究，探寻茶道与中西哲学之间的内在关系；与武汉大学合作成立"茶文化研究中心"，开展茶道历史与文化方面的研究等。

为便于学术研究的开展，大益茶道院制订完善的图书出版计划，已正式出版的首部系统论述大益茶道体系的专著《茶道九章》，作为职业茶道师的核心教材的《大益八式》、《大益普洱茶品鉴技巧》、《静品茶诗》，跨学科专著《茶道与文学》、《茶道心理学》等30种茶道图书中，其中不少已具备相当的学术水准。同时通过举办学术交流会、研讨会、高峰论坛，设立科研合作项目等方式，吸引更多优秀学者持续投入相关研究，为"茶道学"学科体系的建立打下坚实基础。这些努力不仅保证了大益集团始终可以获得充足的科研人才储备，而且夯实了大益茶道研究的学术根底，促使他们在茶道研究领域能够始终坚守科学的方法和正确的方向。

同时，大益茶道院也着力于推动中国茶道对话世界。一方面自2013年起，大益茶道院开始有计划地将出版的茶书翻译成英、日、韩、俄、法、泰、西班牙语等国语言出版，茶道院外籍专家更直接以外文写作茶书。目前已出版的外文茶书近20部，其中《大益八式》就已正式出版中英日韩文四个版本，部分图书参加国际书展，或被著名大学图书馆收藏。部分茶书直接在国外出版，以供国外学者及茶友比较、研究和借鉴。另一方面为了扩大影响，增进交流，大益茶道院牵头举办了六届中日韩茶道国际交流。与清华大学美术学院合作发起，邀请日本、韩国的茶道学者与艺术家分别在北京、深圳、西安、东京等地联合举办多届"茶境"国际茶文化交流展，促进中日韩三国茶道的共同发展与进步，获得良好社会反响。

2. 中华新茶道的践行者

在大益集团的官方网页上，醒目地标示着企业宗旨，即成就于社会，奉献于社会。相应地，它对企业使命的解读是：基于"奉献健康，创造和谐"的理念，不断提供高品质茶叶产品及相关服务，提升广大消费者的生活品质；通过企业物质及精神财富的创造、传承与回馈，令社会大众从企业发展过程中持续地分享与受益。为此，它还提出了企业愿景：努力成为中国最佳茶品供应商，使"大益"成为推动"茶为国饮"、推动中国茶产业与茶文化走向世界的领导品牌。为实现上述宗旨、使命和愿景，大益集团制定的大益战略是：本着共赢合作创造和分享价值的原则，以品牌为先导，渠道为依托，不断强化领先技术与创新服务，满足茶消费者日益增长的多元且多层次的消费需求。上述种种企业哲学的侧面其实都是围绕大益茶道而展开，大益集团不仅是中华新茶道的开拓者，更是当仁不让的践行者。

从内容上看，中华新茶道是个开放的体系，可以容纳多种角度的探索从而形成各自有别且相对独立的茶道体系，所以，我们肯定一切对中华传统茶道作出符合现代人的现代生活需要的新诠释。这其实也是儒家一贯精神的体现。这尤其表现在知行合一、体用结合、经世致用等指导理念上。

大益集团为实施大益茶道进行了系统的精心设计和全力打造。2007年9月，北京大益茶文化交流中心及大益皇茶会会所相继建成并投入运营；2008年11月1日，大益发起设立的"中华爱茶日"在勐海正式启动；2010年1月，大益集团正式签约广州2010年亚运会，成为其茶叶产品供应商暨指定用茶，这也是中国茶企业首次成功赞助国际大型综合性体育赛事；2010 年 11 月，茶行业首家博士后科研工作站落户大益集团勐海茶厂。这一系列努力的最佳展示平台就是 2016 年全新推出的"大益茶庭"——一个意欲与星巴克、立顿试比高下的中国茶茗饮园地。2016年 8 月首先在中国时尚之都上海设立了这一完全改写了传统中国茶点刻板印象的高端茶店。消费者的反响极好，很快（当年 11 月）又开设了第二家，目前已经开出了六家。

　　大益八式的推出也是值得关注的事件。相对于日本茶道的成熟仪轨，中国茶道一直缺乏一种融合实用、审美和心智训练的日常练习方法。为此吴远之院长亲自研创了一套生活化的基础茶式。它包括洗尘、坦呈、苏醒、法度、养成、身受、分享、放下八个内在关联且一气呵成的动作规范，故又称"大益八式"。这八个环节既是一套完整的茶叶冲泡方法，也是一个体悟人生智慧，其含义暗合深层次的思维逻辑。因为人生有八大弱点，即贪欲过多、沟通失灵、善恶不分、取舍失当、急于求成、双重标准、自利心重、患得患失等，为此就有对治八法，大益八式就是茶人克服上述八大缺点的方法。习茶者通过每日研习大益八式，既可熟练掌握茶叶冲泡的基本技艺，还可静心体会人与茶、人与器、人与天地之间的默契与和谐，达到静心安神、怡情养性、参悟茶道的目的。同时，大益茶道研修提出了独特的精进法则：每日一次基本茶式、每周一次茶契、每月一次爱心活动、每年一次论茶大赛，通过这些固定、重复的动作或活动，茶人不断投身其中，这将促成茶人磨炼自己，在品茶技术、泡茶仪轨、奉茶精神等多个方面得到提升。[1] 包括大益茶

---

　　① 参见吴远之：《茶道九章》，中国书店 2015 年版，第 118—119 页。

道院在内的诸多中华茶道研究者们都力图将中国茶文化融入现代人的生活方式之中，提升生活方式的品位和文明程度，这值得我们报以赞赏的理解和支持。

大益集团董事长吴远之先生十分钟爱中华文化，而且在价值观上持有多重文化包容并蓄的开放态度，他本人成为了现代儒学茶道的大力倡导者。他是位不懈思考、不辍笔耕的探索者，与人合著《茶悟人生》(陕西人民出版社 2008 年版)，主编了《时尚茶道》(云南科技出版社 2011年版)、《大学茶道教程》(知识产权出版社 2013 年版)等多部著作。他说："不同的年龄阶段、不同的人生经历，对于茶的回甘有不同的体验。所以我们说，品味人生，有如饮茶，甘苦自味，冷暖自知。"[1] 他还说："茶道的生命体悟是通过识茶、赏茶、饮茶来修身养性、陶冶情操、学习礼仪、品味人生、参禅悟道，从而获得精神上的享受和人格上的完善，达到崇高的人生境界。……中华茶道，是自然之真、人文之善、艺术之美的统一，是待人以真、与人以善、示人以美的统一，也是艺术、仪礼、修行的统一。"[2] 其实，他本人就是中华新茶道不折不扣的践行者，在他身上既有传统中国文人的坚韧和忠恕品格，还有西方信者的谦恭和勤勉的品质，更有现代企业家的睿智与进取之心。

3. 中华新茶道的推广者

应该承认，在经历了几十年的激进反传统、批儒学的当代中国大陆，茶文化令人遗憾地风化消散了，茶道也断流停滞了。同样，儒学的

---

[1] 吴远之主编：《时尚茶道》，云南科技出版社 2011 年版，第 58 页。
[2] 同上。

影响严重式微，主流群体（公务员、高校教师、城市中产阶层、国有企业干部等）都已经远离儒学的核心价值，以西学为知识背景的专业人士（全部的理工科和部分文科的高等院校毕业生）也较少系统地接受过儒学的熏陶，作为儒学母国和发源地的中国大陆已经难以承载"为往圣继绝学"的使命，不得不吞咽下儒学"花果飘零"、"儒家南传外传"的历史后果。值得庆幸的是，港台地区仍未中断儒学的研究，还有一些先行者借助欧美大学的"东亚系"、"汉学研究中心"的教席在西洋、外化之地继续推进和广播儒学思想，他们著书立传、传业授徒，各立学派。这些被尊称为"现代新儒家"或"海外新儒家"的学者大多有留学欧美背景，对西方思想文化熟稔，故而能够做到打通古今、合璧中西，对儒学作出合理的"创造性转换"、"现代性阐释"，从儒学古籍阐发出新意，从儒学立场对现代社会重大理论和现实问题作出解答。20 世纪 80 年代以后，大陆也陆续出现了对儒学、对中国传统思想重新评估的思潮，这股思潮正在成为中国传统文化现代复兴的重要推动力量。茶文化和茶道率先在台湾复兴，其动力不只是经济发展后带来的文化需要的增长，主要的还是包括儒学在内的中华传统文化的源流未断所带来的文化自我更新的要求。

诚如上述，中华茶道与中国传统儒学存在内在关联，这个命题并不难理解，然而，这只是理论分析得出的结论，并非历史事件。从思想逻辑的必然性出发，我们可以说生发于华夏大地的茶文化或茶道注定会与占据中国传统社会主流地位的儒学直接相遇，茶与儒的相遇在中国是百分之百必然发生的事件。但如何相遇、得出怎样的思想成果、衍生出什么样的精神文明产物，这些问题事先都是不确定的，也没有明确的答案。从历史进程来看，儒与茶时有冲突、时有交集，更长的时间内是不相关涉，彼此无关。茶本身没有茶道，同样，儒学本身也不直接关切茶或茶事，将儒学跟茶文化、茶道关联起来，这就是一种文化建构，或者更具体地说，是将思想信仰落实在国民日常起居和交往方式之中的人为努力。其间，许多嗜茶的文人墨客、喜茶的达官贵人扮演了极其重要的作用。今天的我们必须推陈出新，补充新内容，发展新格局，才能不断保持中华茶道的生命力。

我们在本书中所给出的认识视角以及由此作出的理论概括都是基于传统儒学思想体系，以此来解读中华茶道。我们应当看到这样一个现实：尽管儒学思想的许多内容被吸收进了已有的中华茶道之中，各地茶俗背后的观念、信仰都或多或少保留了儒学精神的实质内容；然而，系统的整理、提炼却十分不足。相比之下，吸收道家、道教思想发展出来的"道茶"借助道观、道场、道士、道茶传人而得以传播，其健身益体、长生不老、羽化成仙等观念深入人心。同样，吸收佛教理论发展出来的"佛茶"在寺庙、古刹、法师、居士等场所或人群中广为人知，其提出的"禅茶一味"、"吃茶去"公案等接受者众，几乎家喻户晓。不少中国人对中华茶道背后的儒学精神视而不见，茫然无知。庆幸的是，这个状况正在有所改观，可喜的变化已然发生，并且渐进成为了燎原之势，正在获得越来越多人的首肯和参与。一些茶人从儒学典籍中寻找灵感，一些茶企从继承和发扬中华传统文化的宏观战略出发去构建具有本企业、本行业特色的茶道体系。这样的努力功不可没，我们也希望成为其中的一分子，积极开拓儒学在中华茶道当代复兴中的可能作用途径，让儒学成为中华茶道生生不息活力的又一个重要思想源泉。

"继先师之绝学，宏茶道之人文，振华夏之茶风。"大益茶道院设立时所确立的历史使命，就是为茶发声，为茶人正名，重振中国茶道。我们可以将大益茶道院理解为一家智囊式研究机构。一家茶企斥巨资、设专人进行茶道研究，这样的举措在全国是第一家，在国际上也为数不多。多年来，大益茶道院在茶道理论研究及推广茶道事业上不断探索，培养人才、传授茶道、树立新时代茶道文化品牌。在茶道推广方面，大益茶道院不遗余力，以茶会组织和公益活动为传播途径，将传统思想理念和现代运作方式有机结合，实现了重大创新。迄今为止，经该机构职业茶道师认证资格体系下培养的职业茶道师已超12000多位，形成以"梧桐茶会"、"福音茶会"、"陆羽茶会"等为代表的系列人文茶会，将茶道生活化，在社会上形成热爱茶道、探讨茶道、学习茶道的风气。

我们欣喜地看到，经过现代文明洗礼的中华茶道正在焕发勃勃生机，它已经成为了中华文化的象征和传统精神的符号而广布海外，增益世人。我们有理由相信，通过倡导健康、积极的生活方式，培养惜茶爱人的茶道精神，中华茶道有望对治诸多现代文明病，为当代人提供心灵的慰藉，成为中华文明对人类的新贡献。

参考文献

一、古代典籍类

1. 程颢、程颐：《二程集》，中华书局 1981 年版。

2. 王阳明：《王阳明全集》吴光等编校，上海古籍出版社 2011 年版。

3.《荀子》，方勇、李波译注，中华书局 2011 年版。

4. 杨伯峻译注：《论语译注》，中华书局 1980 年版。

5.《张载集》，中华书局 1978 年版。

6. 朱杰人、严佐之、刘永翔主编：《朱子全书》第 23 册，上海古籍出版社、安徽教育出版社 2002 年版。

7. 黎靖德编：《朱子语类》，王星贤点校，中华书局 1986 年版。

8. 朱熹集注：《四书集注》，岳麓书社 1985 年版。

二、现代著作类

9. 艾敏编著：《素手调水·茶艺茶道》，电子工业出版社 2015 年版。

10. 蔡荣章：《现代茶艺》，台湾中视文化公司 1987 年版。

11. 蔡荣章：《现代茶道思想》，台湾商务印书馆 2013 年版。

12. 蔡元培：《中国伦理学史》，商务印书馆 2004 年版。

13. 陈来：《北京·国学·大学》，北京大学出版社 2012 年版。

14. 陈文华主编：《中国茶道学》，江西教育出版社 2010 年版。

15. 陈香白：《中国茶文化》，山西人民出版社 1998 年版。

16. 丁以寿、关剑平、章传政编著：《中国茶道》，安徽教育出版社 2011 年版。

17. 封演撰：《封氏闻见记校注》，赵贞信校注，中华书局 2005 年版。

18. 冯友兰：《新原人》，三联书店 2007 年版。

19. 冯友兰：《中国哲学史新编》第 5 册，人民出版社 1988 年版。

20. 冯友兰：《新理学》，北京大学出版社 2014 年版。

21. 何国松编著：《茶道》，北京工业大学出版社 2011 年版。

22. 贺麟：《五十年来的中国哲学》，辽宁教育出版社 1989 年版。

23. 金岳霖：《论道》，中国人民大学出版社 2010 年版。

24. 梁漱溟：《中国文化要义》，上海人民出版社 2011 年版。

25. 李曙韵：《茶味的初相》，安徽人民出版社 2013 年版。

26. 李泽厚：《哲学纲要》，北京大学出版社 2011 年版。

27. 李泽厚：《历史本体论 己卯五说》，三联书店 2006 年版。

28. 李泽厚：《新版中国古代思想史论》，天津社会科学院出版社 2008 年版。

29. 林语堂：《生活的艺术》，陕西师范大学出版社 2003 年版。

30. 刘清平：《忠孝与仁义——儒家伦理批判》，复旦大学出版社 2012 年版。

31. 刘述先：《儒家哲学研究——问题、方法及未来开展》，东方朔编，上海古籍出版社 2010 年版。

32. 马明博、肖瑶选编：《我的茶——文化名家话茶缘》，中国青年出版社 2012 年版。

33. 钱穆：《宋代理学三书随劄》，台湾东大图书有限公司 1983 年版。

34. 宋志明：《薪尽火传：宋志明中国古代哲学讲稿》，北京师范大学出版社 2010 年版。

35. 唐君毅：《中国文化之精神价值》，台湾正中书局 1987 年版。

36. 王舜之、孔庆东：《茶道》，吉林出版集团股份有限公司 2016 年版。

37. 无为海：《喝茶是修行》，江苏文艺出版社 2013 年版。

38. 吴觉农主编：《茶经述评》，农业出版社 1987 年版。

39. 吴远之：《茶道九章》，中国书店 2015 年版。

40. 吴远之主编：《时尚茶道》，云南科技出版社 2011 年版。

41. 吴远之主编：《大学茶道教程》（第二版），知识产权出版社 2013 年版。

42. 吴远之：《大益八式：中国茶道研修方法》，中国书店 2014 年版。

43.《王国维遗书》第 4 册，上海书店出版社 1983 年版。

44. 徐复观：《中国人性论史》，华东师范大学出版社 2005 年版。

45. 余悦主编：《中国茶韵》，中央民族大学出版社 2002 年版。

46. 张岱年、方克立主编：《中国文化概论》，北京师范大学出版社 1994 年版。

47. 朱自振、沈冬梅、增勤编著：《中国古代茶书集成》，上海文化出版社 2010 年版。

48. 庄晚芳编著：《中国茶史散论》，科学出版社 1988 年版。

三、译著类

49.[日] 冈仓天心：《茶之书》，谷意译，山东画报出版社 2010 年版。

50.[美] 吉尔伯特·罗兹曼：《中国的现代化》，江苏人民出版社 2003 年版。

51.[英] 托比·马斯格雷夫、威尔·马斯格雷夫：《改变世界的植物》，董晓黎译，希望出版社 2005 年版。

52.[英] 艾瑞丝·麦克法兰、艾伦·麦克法兰：《绿色黄金》，杨淑玲、沈桂凤译，汕头大学出版社 2006 年版。

53.[美] 亚瑟·史密斯：《中国人德行》，张梦阳、王丽娟译，新世界出版社 2005 年版。

54.[古希腊] 亚里士多德：《尼各马可伦理学》，廖申白译注，商务印书馆 2003 年版。

四、论文类

55. 陈香白：《论中国茶道的义理与核心》，《中国文化研究》1994 年第 3 期。

56. 董平：《澄清阳明心学研究中的三个问题》，《山东省社会主义学院学报》2017 年第 5 期。

57. 董平：《王阳明哲学的实践本质——以"知行合一"为中心》，《烟台大学学报》2013 年第 1 期。

58. 樊浩：《伦理精神与宗教境界》，《孔子研究》1997 年第 4 期。

59. 傅春宜：《论盖碗茶的品饮美学与应用——以简驭繁的时尚之饮》，《2004 茶与艺国际学术研讨会论文集》。

60. 关剑平：《陆羽的身份认同——隐逸》，《中国农史》2014 年第 3 期。

61. 巩志：《宋儒朱熹与武夷茶》，《茶叶通报》2000 年第 4 期。

62. 甘阳：《人·符号·文化——卡西尔和他的〈人论〉》，《读书》1985 年第 8 期。

63. 江野：《阅读的美学价值》，《诗歌周刊》第 223 期，2016 年 8 月 13 日出版。

64. 李承贵：《阳明心学的精神》，《哲学动态》2017 年第 4 期。

65. 李煌明：《孔颜之乐——宋明理学中的理想境界》，《中州学刊》2003 年第 6 期。

66. 李可心：《儒家修、悟、证三境界说——以顾宪成为主要考察点》，《武汉科技大学学报》2018 年第 1 期。

67. 李萍：《论中国茶道对儒家自然观的扬弃》，《北京科技大学学报》2016 年第 1 期。

68. 李萍：《中国文化传统与茶道四境说》，《北京科技大学学报》2015 年第 5 期。

69. 李萍：《论中国茶道对儒学生命观的扬弃》，姚新中主编：《哲学家 2015—2016》，人民出版社 2016 年版。

70. 林美茂、全定旺：《"品茗"的审美属性与中国茶道的本质》，《哲学动态》2018 年第 8 期。

71. 林清玄：《茶能生善》，《中国茶叶》2011 年第 1 期。

72. 牟宗三、徐复观、张君劢、唐君毅：《为中国文化敬告世界人士宣言——我们对中国学术研究及中国文化与世界文化前途之共同认识》，封祖盛编：《当代新儒家》，三联书店 1989 年版。

73. 宁新昌：《本体在实践中澄明——读丁为祥的〈实践与超越〉》，《渭南师专学报》1995 年第 3 期。

74. 秦红岭：《论建筑美德》，《伦理学研究》2013 年第 4 期。

75. 王一：《"以理制欲"还是"欲中见理"——谈理欲关系在宋明理学中的逻辑发展线索》，《教育时空》2014 年第 30 期。

76. 王岳川：《"中庸"的超越性思想与普世性价值》，《社会科学战线》2009 年第 5 期。

77. 王毓：《二程"圣人气象"说及其理论意义初探》，《船山学刊》2012 年第 1 期。

78. 向世陵：《中国哲学"反本""复性"论研究》，《中国人民大学学报》2007 年第 5 期。

79. 张铁声：《从认知科学到认知学》，《晋阳学刊》1992 年第 2 期。

80. 张骏翚：《试论隐逸文化中的"乐道"传统》，《四川师范大学学报》2006 年第 2 期。

81. 邹广文：《在文化世界中延展哲学之思：卡西尔〈语言与神话〉阅读札记》，《学海》2010 年第 4 期。

82. 王芳芳：《二程的"孔颜乐处"观探论》，湖南师范大学硕士学位论文，2010 年。

83. Patrick J. Buchanan,"The Great Betrayal: How American Sovereignty and Social Justice Are Being Sacrificed to the Gods of the Global Economy", *Foreign Affairs*, April 6, 1998.

五、网站及其他类

84. 李萍：《关于荣西〈喫茶养生记〉的思考》，http://www.teaismphi.cn/School/

Talking/890.html。

85. 玄峰：《茶与山的关系》，http://www.teaismphi.com/School/teaism/784.html。

86. 李萍：《考察归来话茶道——2018 年暑期贵州茶俗茶文化考察心得》，http://www.teaismphi.cn/School/Talking/881.html。

87. 曹量：《茶亲故事：因茶结缘的陌生人》，http://www.jiemian.com/article/1568457.html。

88. "茶与爱"国际微电影大赛，http://esperanto.cri.cn/teokajamo2016c/。

89. 大益茶道院：茶道宗旨：惜茶爱人，http://www.acctm.com.cn/about/?s=35。

90.《当瑜伽碰上茶》，《安徽商报》2015 年 6 月 4 日。

91.《新观察》第 7 辑 "何陋轩论" 笔谈，作者王澍。《城市　空间　设计》杂志 "建筑批评专栏" 2010 年第 5 期，史建主持。

92. 钮文异、常春、李新影：《年轻一代最该学会休息》，"人民网" 之《生命时报》栏目，2016 年 10 月 16 日。http://health.people.com.cn/n1/2016/1016/c14739-28781654.html。

93. 由韩国 KBS 和日本 NHK 电视台联合摄制的纪录片《感悟亚洲系列·茶马古道》之第 3 集《路因茶叶而生》（Asian Corridor in the Heaven 3 of 6 Tea Makes the Road Open）。

后　记

　　写作本书的缘起是与大益茶道院院长吴远之先生的一次交谈，他建议我不妨可以从儒学与中华茶道的关系来梳理茶道的内在本质。中华茶道本来包含了儒释道等多种文化资源，但鉴于儒学在中国历史上的主流地位和无数儒生对中华茶道的积极贡献，必须承认儒学对中华茶道的突出作用。事实上，至今我们还可以从流传各地的茶俗茶礼、当代新推出的诸多茶艺类型之中看到传统儒学的印记。由儒学切入，不仅可以为中华茶道找到历史合理性的依据，而且还可以为现代国人的人文素养提升提供思想资源。我联系了北方工业大学的王润稼博士、河南财经政法大学的王芳芳博士，他们都是爱茶者，也有非常好的国学功底，令人欣慰的是，他们都愉快地接受了邀请，并承接了具体的写作任务。

　　2017 年 4 月首届全国茶道哲学高峰论坛在贵阳孔学堂召开，会议期间我们与吴远之先生就书稿事项畅谈至深夜，细化了上述提议，也厘清了写作思路和潜在读者群的偏好等相关问题。与此同时，为了保证书稿质量，我邀请长江学者、中国人民大学二级教授姚新中先生担任本书的顾问，他深厚的国学功底和国际视野可以帮我把关，增进学术深度；还邀请大益茶道院院长吴远之先生作为本书的主审，他在茶界的影响力和对社会文化走向的敏锐感知，可以让我们少走弯路，避免无病呻吟。书稿的架构就此搭起来了。

历经近一年的磋商、讨论、阅读、思考、写作之后，我们于 2018 年 3 月完成了初稿，顾问和主审分别提出了很多中肯意见。一句话，初稿没有达到预想的目标，我们决定推倒重来。我们三人数次重新就提纲框架、章节结构、具体观点、文字表述等细节进行集中讨论。我们还确定了一个方案：每个人写完一章都要分别发给另外二位阅读、修改、再阅读、再修改，即经过三轮修改后，才算定稿。工夫不负有心人，2018 年 11 月 25 日终于完成了修订稿。这次很顺利地通过了顾问和主审的严厉审核。我们都很清楚，若没有姚教授和吴先生的近乎严苛般的高要求，就没有这本书的问世，二位的指教，我们没齿难忘。

王芳芳博士完成了第一章，王润稼博士完成了第二章和第四章，李萍教授完成了导论、第三章、第五章、结语、附录。大益茶道院副院长徐学先生拨冗帮我们特别审订了附录的全部文字，对他的默默付出和一如既往的支持，表示深深的谢意！

人民出版社的陆丽云编审是位书刊编辑界的资深人士，她不仅有独到的学术眼光，而且工作极其负责踏实，有了她的审校，我们基本上就可以高枕无忧了，她出色的工作为本书增添了更多精彩。

为提高本书的整体视觉效果，我特意恳求中国人民大学艺术学院吴文越副教授为本书设计题头画，她效率极高地满足了我的请求，为本书量身绘制了六幅独一无二的工笔画。我又向台湾知名书法家罗际鸿老师索取了数张高清版古代茶画照片。北京建筑大学秦红岭教授也慷慨提供了一幅她收藏的茶画照片。对上述三位老师的无私帮助和全力支持，我们在此一并表示深深的谢意！

对我们三位作者来说，读书和写作不仅平常至极，同时也是赏心悦目、身心愉快之事，但相比于资深的茶学界前辈，我们在茶道研究上的工夫还尚浅，这本书也是首次尝试写作茶道方面的专著，虽然花费了两年的时间，阅读了大量的文献，也进行了多次讨论，最终拿出全稿依然惴惴不安。既然是中国人民大学茶道哲学研究所成立以来的处女作，遗漏或不足就在所难免，但这不是借口，我们真诚希望听到各位读者直言不讳的批评意见。请将您的宝贵建议反馈到我们的网站（www.teaismphi.cn）、微信公众号（茶道哲学研究）和微博（茶道哲学研究）。我们会认真且快速地回复您。我们相信，这样的良性互动将会助推中华茶道的研究逐步走向繁荣。

李　萍

2019 年初春于京城

责任编辑：陆丽云

封面设计：吴文越　肖李薇

版式设计：汪　莹

图书在版编目（CIP）数据

天地融入一茶汤：中华茶道中的儒学精神／李萍 等 著．—北京：
　人民出版社，2019.8
ISBN 978－7－01－021064－3

I.①天…　II.①李…　III.①茶道－研究－中国　IV.① TS971.21
中国版本图书馆 CIP 数据核字（2019）第 144362 号

天地融入一茶汤

TIANDI RONGRU YI CHATANG

——中华茶道中的儒学精神

李　萍　等　著

人民出版社 出版发行

（100706　北京市东城区隆福寺街 99 号）

北京新华印刷有限公司印刷　新华书店经销

2019 年 8 月第 1 版　2019 年 8 月北京第 1 次印刷
开本：710 毫米 ×1000 毫米 1/16　印张：16.5
字数：198 千字

ISBN 978－7－01－021064－3　定价：98.00 元

邮购地址 100706　北京市东城区隆福寺街 99 号
人民东方图书销售中心　电话（010）65250042　65289539

版权所有·侵权必究
凡购买本社图书，如有印制质量问题，我社负责调换。
服务电话：（010）65250042